农作物病虫害原色图谱丛书

蔬菜病虫害原色图谱

胡　锐　邢彩云　主编

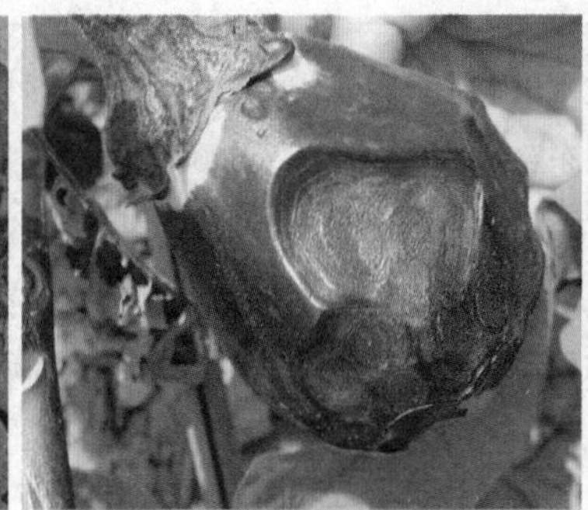

河南科学技术出版社
·郑州·

图书在版编目(CIP)数据

蔬菜病虫害原色图谱 / 胡锐，邢彩云主编. — 郑州 : 河南科学技术出版社，2017.6(2024.8重印)

(农作物病虫害原色图谱丛书)

ISBN 978-7-5349-8363-4

Ⅰ. ①蔬… Ⅱ. ①胡… ②邢 Ⅲ. ①蔬菜—病虫害防治—图谱 Ⅳ. ①S436.3-64

中国版本图书馆CIP数据核字(2017)第017873号

出版发行：河南科学技术出版社

地址：金水东路39号　　邮编：450016

电话：(0371) 65737028　65788613

网址：www.hnstp.cn

策划编辑：周本庆　陈淑芹　杨秀芳　编辑信箱：hnstpnys@126.com

责任编辑：申卫娟

责任校对：窦红英

装帧设计：张德琛　杨红科

责任印制：张艳芳

印　　刷：永清县晔盛亚胶印有限公司

经　　销：全国新华书店

幅面尺寸：148 mm × 210 mm　　印张：8.75　　字数：250千字

版　　次：2017年6月第1版　　2024年8月第3次印刷

定　　价：68.00 元

如发现印、装质量问题，影响阅读，请与出版社联系并调换。

内容提要

本书共精选对蔬菜产量和品质影响较大的102种主要病虫原色图片354张，突出病害田间发生和虫害不同时期的症状（形态）识别特征，并详细介绍了每种病虫的分布区域、症状(形态)特点、发生规律及综合防治技术。文字浅显易懂，图文并茂，防治方法实用，适合各级农业技术人员和广大农民群众阅读。

农作物病虫害原色图谱丛书

编撰委员会

总编撰：吕国强

委　员：赵文新　张玉华　彭　红　王　燕　李巧芝　王朝阳
　　　　胡　锐　朱志刚　邢彩云　柴俊霞

《蔬菜病虫害原色图谱》

编写人员

主　　编：胡　锐　邢彩云

副 主 编：高国峰　柴宏飞　孔　涛　王献忠　袁晓晶　仝允正
　　　　　杨爱华　杨新志　马正国　杨　蕊　吕丽萍　马占宽
　　　　　赵兴华　陈新娟　刘静鹤　王旭东　翟庆慧　薛梦宁

编　　者：马正国　马占宽　王旭东　王献忠　孔　涛　付俊锋
　　　　　仝允正　邢彩云　吕丽萍　刘静鹤　杨　蕊　杨爱华
　　　　　杨新志　张先华　陈新娟　赵兴华　胡　锐　袁晓晶
　　　　　柴宏飞　高国峰　常盼盼　翟庆慧　薛梦宁

总序

我国是世界上农业生物灾害发生严重的国家之一，常年发生的为害农作物有害生物（病、虫、鼠、草）1 700 多种，其中可造成严重损失的有 100 多种，有 53 种属于全球 100 种最具危害性的有害生物。许多重大病虫害一旦暴发成灾，不仅危害农业生产，而且影响食品安全、人身健康、生态环境、产品贸易、经济发展乃至公共安全。马铃薯晚疫病、水稻胡麻斑病、小麦条锈病的跨区流行和东亚飞蝗、稻飞虱、稻纵卷叶螟的暴发危害都曾给农业生产带来过毁灭性的损失；小麦赤霉病和玉米穗腐病不仅影响粮食产量，其病原菌产生的毒素还可导致人畜中毒和致癌、致畸。专家预测，未来相当长时期内，农作物病虫害发生将呈持续加重态势，监测防控任务会更加繁重。《国家粮食安全中长期规划纲要（2008—2020 年）》提出，要通过加大病虫监测和防控工作力度，到 2020 年，使病虫危害的损失再减少一半，每年再多挽回粮食损失 1 000 万 t。农业部于 2015 年启动了“到 2020 年农药使用量零增长行动”，对植保工作提出了新的要求。在此形势下，迫切需要增强农业有害生物防控能力，科学有效地控制其发生和为害，确保人与自然和谐发展。

河南地处中原，气候温和，是我国大区域流行性病害和远距离迁飞性害虫的重发区，农作物病虫害种类多，发生面积大，暴发性强，成灾频率高，据不完全统计，每年各种病虫害发生面积达 6 亿亩次以上，占全国的 1/10，对农业生产威胁极大。近年来，受全球气候变暖、耕作制度变化、农产品贸易频繁等多因素的综合影响，主要农作物病虫害的发生情况出现了重大变化，常发病虫害此起彼伏，新的发生不断传入，田间危害损失呈逐年加重趋势。而另一方面，由于病虫防控时效性强，技术要求高，加之目前我国从事农业生产的劳动者，多数不具备病虫害识别能力，因混淆病虫害而错用或误用农药造成防效欠佳、残留超标、污染加重的情况时有发生，迫切需要一部浅显易懂、图文并茂的专业图书，来指导农民科学防控病虫害。鉴于此，我们组织省内有关专家编写了这套农作物病虫害原色图谱丛书。

该套丛书分《小麦病虫害原色图谱》《玉米病虫害原色图谱》《水稻病虫害原色图谱》《大豆病虫害原色图谱》《花生病虫害原色图谱》《棉花病虫害原色图谱》《蔬菜病虫害原色图谱》7 册，共精选 350 种病虫害原色图片 2 000 多张，在图片选择上，突出病害田间发展和害虫不同时期的症状识别特征，同时，还详细介绍了每种病虫的分布区域、形态 (症状) 特点、发生规律及综合防治技术，力求做到内容丰富，图片清晰、图文并茂，科学实用，适合各级农业技术人员和广大农民阅读，也可作为植保科研、教学工作者参考。

农作物病虫害原色图谱丛书是 2015 年河南省科技著作项目资助出版，得到了河南省科学技术厅与河南省科学技术出版社的大力支持。河南省植保推广系统广大科技人员通力合作，深入生产第一线辛勤工作，为编委会提供了大量基础数据和图片资料，河南农业大学、河南农业科学院有关专家参与了部分病虫害图片的鉴定工作，在此一并致谢！

希望这套系列图书的出版对于推动我省乃至我国植保事业的科学发展发挥积极作用。

河南省植保植检站副站长、研究员

河南省植物病理学会副理事长　吕国强

2016 年 8 月

前言

我国是世界上蔬菜种类最多和种植面积最大的国家，随着蔬菜种植面积的不断扩大，蔬菜种类的增加，蔬菜栽培方式的变化，尤其是保护地蔬菜种植面积的扩大，蔬菜得以周年生产，病虫害种类增多，发生特点改变，造成一些次要病虫害上升为主要病虫害，新的病虫害时有发生，突发性、暴发性的病虫害发生流行风险增大。过多、过量使用农药防治病虫害，致使病虫害抗性增强，同时造成环境污染、农产品存在食用安全隐患等问题。因此，在蔬菜生产过程中，准确识别病虫害并及时科学用药防控其为害，是确保蔬菜生产安全的重要环节。由于在生产中病虫害识别不准，错用或误用农药，贻误防治时机等时有发生。鉴于此，我们编写了《蔬菜病虫害原色图谱》，以飨读者。

本书共精选对蔬菜产量和品质影响较大的102种主要病虫原色图片354张，突出病害田间发生和虫害不同时期的症状（形态）识别特征，并详细介绍了每种病虫的分布区域、症状(形态)特点、发生规律及综合防治技术，力求做到文字浅显易懂，图文并茂，直观实用，适合各级农业技术人员、植保专业化服务组织（合作社）、蔬菜种植户学习使用。

本书编写过程中得到了河南省植保系统有关专家及河南科学技术出版社的大力支持，在此一并致谢！同时，我国地域广阔，各地蔬菜病虫害发生差异大，防治方法要因地制宜，建议读者结合当地情况慎重使用。由于编写时间紧，受农时季节、拍摄设备等因素的限制，书中所收集的病虫种类距生产尚有一定差距，书中如有错误及疏漏之处敬请广大读者批评指正。

编者

2016年6月

目　录

第一部分 蔬菜病害

一、番茄早疫病

分布与为害

番茄早疫病在我国东北、华北、华东、西南等地区有发生，为害严重时引起落叶、落果和断枝，一般可减产20%～30%，严重时达50%以上。尤其在大棚、温室中发生严重。

症状特征

苗期、成株期均可染病，主要侵害叶、茎、花、果等部位，以叶片和茎叶分枝处最易感病。幼苗期茎基部发病，病斑常包围整个幼茎，呈黑褐色，引起腐烂，幼苗枯倒。成株期一般从下部老叶开始发病，逐渐向上扩展。叶片染病初呈针尖大小的黑点，后不断扩展为黑褐色轮纹斑，边缘多具浅绿色或黄色晕环，中部有同心轮纹，且轮纹表面生有毛刺状物，湿度大时病斑上生有灰黑色霉状物（图1）；叶柄受害，生有椭圆形轮纹斑，呈深褐色或黑色；茎部染病，多在

图1 番茄早疫病病叶

分枝处产生褐色至深褐色不规则形或椭圆形病斑，凹陷或不凹陷，表面生灰黑色霉状物；青果染病，始于花萼附近，初为椭圆形或不定形褐色或黑色斑，凹陷，直径10～20 mm，有同心轮纹，后期病果易开裂，病部表面着生黑色霉层，病部较硬，提早变红（图2）。

图2 番茄早疫病病果

发生规律

番茄早疫病为真菌病害。病菌在土壤或种子上越冬，成为翌年初侵染源。病菌可从番茄叶片、花、果实等的气孔、皮孔或表皮直接侵入，形成初侵染，经2～3 d潜育后出现病斑，3～4 d产生分生孢子，并通过气流、雨水或农事操作进行多次重复侵染。早疫病的发生与气温、相对湿度、降水量、可溶性固形物含量、叶片生理年龄及品种耐病性有直接关系。湿度是病害发生与流行的主导因素。当番茄进入旺盛生长及果实迅速膨大期，基部叶片开始衰老，病菌在番茄田上空得以积累，这时遇有持续5 d均温21 ℃左右，降水22～46 mm，相对湿度大于70%的时数大于49 h，该病即开始发生和流行。相对湿度80%以上，温度为20～25 ℃时最易发病。春季保护地栽培，番茄定植后，昼夜温差大，塑料薄膜上常结有小水珠，并落在叶片上，形成一层水膜，利于病害发生。每年雨季到来的迟早、雨日的多少、降水量的大小和分布，均影响相对湿度的变化及番茄早疫病的扩展。此外，该病菌属兼性腐生菌，田间管理不当或大田改种番茄后，常因基肥不足发病重。

防治措施

1.农业防治　种植抗、耐病品种；大面积与非茄科作物实行3年以上轮作，避免与土豆、辣（甜）椒连作；选择适当的播种期，施足腐熟有机肥，适时追肥，合理密植，以促进植株健壮生长，提高对病害的抗性；早期及时摘除病叶、病果，带出田外集中销毁，并在番茄拉秧时清除田间残株、落花、落果，结合翻耕土地，搞好田间卫生；保护地番茄重点抓生态防治，大棚内要注意保温和通风，每次灌水后一定要通风，以降低棚内空气湿度，减轻病害的发生。

2.化学防治

（1）种子处理：用55 ℃温水浸种15～20 min后，再用常温水浸种4~5 h，或采用2%武夷菌素水剂浸种，或用种子重量0.4%的50%克菌丹可湿性粉剂拌种。另外，也可用2.5%咯菌腈悬浮种衣剂10 mL加水150～200 mL，混匀后可拌种3～5 kg，包衣晾干后播种，能有效杀死黏附于种子表皮或潜伏在种皮内的病菌。

（2）栽前棚室消毒：连年发病的温室、大棚，在定植前密闭棚室后按每立方米空间用硫黄0.5 g、锯末10 g，混匀后分几堆点燃熏烟一夜。

（3）生长期用药：在番茄苗期，病害发生前应注意用保护剂预防病害的发生，如用77%氢氧化铜可湿性粉剂800～1 000倍液，或70%代森锰锌可湿性粉剂600～800倍液，或75%百菌清可湿性粉剂600～800倍液，茎叶均匀喷雾，视天气和番茄生长情况每7～10 d喷1次。保护地栽培时，结合其他病害的预防，可以每亩用45%百菌清烟剂或10%腐霉利烟剂200～250 g，在傍晚封闭棚室后施药，将药分放于

5～7个燃放点，5～10 d熏1次，也可每亩喷撒5%百菌清粉尘剂1 kg，视病情间隔7～10 d用1次药。田间部分叶片或茎秆上有病斑发生时，应及时喷施治疗剂进行防治，尤以保护剂和治疗剂混用效果好，可用10%苯醚甲环唑水分散粒剂1 500倍液加75%百菌清可湿性粉剂600倍液，或40%嘧霉胺悬浮剂1 000～1 500倍液加75%百菌清可湿性粉剂600～800倍液，或50%苯菌灵可湿性粉剂800～1 000倍液加75%百菌清可湿性粉剂600～800倍液，或25%溴菌腈可湿性粉剂500～1 000倍液加70%代森锰锌可湿性粉剂700倍液，或56%嘧菌酯·百菌清悬浮剂800～1 200倍液，茎叶喷雾，视病情隔7 d喷药1次。茎部发病时，也可把50%异菌脲可湿性粉剂配成180～200倍液，涂抹病部。

二、番茄晚疫病

分布与为害

番茄晚疫病是番茄上的重要病害之一，局部地区发生。在保护地、露地栽培的番茄上均可发生，但主要为害保护地番茄。连续阴雨天气多的年份为害严重。发病严重时造成茎部腐烂，植株萎蔫、干枯，果实变褐色（图1），影响产量，病害流行年份可减产20%～40%。

图1　番茄晚疫病造成植株干枯

症状特征

图2　番茄晚疫病病叶

番茄晚疫病主要为害幼苗、叶片、茎和果实，以叶片和青果发病重。幼苗期染病，叶片初呈水浸状暗绿色，叶柄处腐烂，病斑由叶片向主茎蔓延，使茎变细并呈黑褐色，引起全株萎蔫或折倒，湿度大时病部表面产生稀疏白色霉层。成株期多从植株下部叶片叶尖或叶缘开始发病，初为暗绿色水浸状病斑，扩大后转为褐色，湿度大时病斑叶背病健部交界处长白色霉层（图2）。茎和叶柄染病，病斑呈水浸状黑褐色腐败状，使植株萎蔫（图3）。青果发病，在近果柄处产生油浸状暗绿色云纹状不规则病斑，后变成暗褐色至棕褐色，稍凹陷，边缘明显，云纹不规则，果实坚硬，湿度大时病部有少量白霉（图4）。

图3　番茄晚疫病病茎上霉层

图4　番茄晚疫病病果

发生规律

番茄晚疫病病原菌为真菌。病菌主要在保护地栽培的番茄植株上越冬，也可以在土中的病残体上越冬。病菌借气流或雨水传播，从番茄气孔、伤口或表皮直接侵入，在田间形成中心病株，进行多次重复侵染，引起该病流行。尤其中心病株出现后，伴随雨季到来，病势扩展迅速。当白天气温24 ℃以下，夜间10 ℃以上，相对湿度75%～100%，持续时间长时，易发病。因此，降雨的早晚、雨日多少、雨量大小及持续时间长短是决定该病发生和流行的重要条件。地势低洼、排水不良、田间湿度大时易发病。在反季节栽培时，出现以上发病条件，此病也会大发生或大流行。

防治措施

1.农业防治　种植抗病品种；采用营养钵、营养袋或穴盘等培育无病壮苗；与非茄科作物实行3年以上轮作；选择地势高燥、排灌方便的地块种植，合理密植，合理施用氮肥，增施钾肥；切忌大水漫灌，雨后及时排水；加强通风透光，保护地栽培时要及时放风，缩短植株叶面结露或出现水膜的时间，及时打杈，防止棚室高湿条件出现，以减轻发病程度。

2.物理防治　用55 ℃温水浸种15～20 min，然后再常温水浸种4～5 h。

3.化学防治　该病发展蔓延较快，田间发现中心病株时及时施药防治，可喷洒72%霜脲氰·代森锰锌可湿性粉剂400～600倍液，或72.2%霜霉威盐酸盐水剂800倍液，或58%甲霜灵·代森锰锌可湿性粉剂500倍液，或69%烯酰吗啉·代森锰锌可湿性粉剂900倍液，或25%吡唑醚菌酯乳油1 500～3 000倍液，或68.75%霜霉威盐酸盐·氟吡菌胺悬浮剂800～1 200倍液，或72.2%霜霉威盐酸盐水剂800～1 000倍液加10%氰霜唑悬浮剂2 000～2 500倍液，每隔7 d喷1次，连续喷3次。保护地栽培时，还可每亩施用45%百菌清烟剂200～250 g熏治或喷撒5%百菌清粉尘剂1 kg，视病情间隔7～10 d用1次药。

三、番茄灰霉病

分布与为害

番茄灰霉病是番茄上危害较重且常见的病害，各菜区都有发生。低温、连阴雨天气多的年份为害严重。发病严重时造成茎叶枯死和大量的烂花、烂果，直接影响产量。

症状特征

苗期、成株期均可发病，为害叶、茎、花序和果实。苗期染病，子叶先端变黄后扩展至幼茎，产生褐色至暗褐色病变，病部缢缩，折断或直立，湿度大时病部表面生有浓密的灰色霉层。真叶染病，产生水渍状白色不定形的病斑，后呈灰褐色水渍状腐烂。幼茎染病亦呈水渍状缢缩，变褐变细，造成幼苗折倒，高湿时亦生灰霉状物。成株期叶片发病多从叶尖开始向内发展，病斑呈“V”形，开始为水浸状、浅褐色、边缘不规则、深浅相间的轮纹病斑，潮湿时病部长出灰霉，干燥时病斑呈灰白色（图1）。茎发病后，初期产

图1　番茄灰霉病病叶

生水浸状小点，后扩展成长椭圆形或长条形病斑，高湿时长出灰褐色霉层，严重时引起病部以上枯死（图2）。果实发病主要在青果期，先侵染蒂部残留的柱头或花瓣，后向果面或果梗发展，果皮变成灰白色、水浸状、软腐，病部长出灰绿色绒毛状霉层，果实失水后僵化（图3、图4）。

图2　番茄灰霉病病茎发病后期

图3　番茄灰霉病病果

图4　番茄灰霉病病果后期

发生规律

番茄灰霉病为真菌病害。病菌主要随病残体遗落在土壤中越冬或越夏，条件适宜时，病菌借气流、雨水或农事操作传播，从寄主伤口或衰老的器官或枯死的组织侵入，沾花是重要的人为传播途径。花期是侵染的高峰期，果实膨大期是发病盛期。病菌发育适温为18～23 ℃，相对湿度90%以上时易发病，持续高湿是发生和蔓延的主导因素。连续阴雨，田间郁闭，植株生长弱，通风不良，易暴发流行。

防治措施

1.农业防治 与非茄科作物进行轮作；保护地栽培遇高湿天气要加强通风，在冬季或早春，上午棚内尽量保持较高的温度，使棚顶露水雾化，下午适当延长放风时间，以降低棚内湿度，夜间要适当提高棚温，避免叶面结露；发病初期控制浇水，不可大水漫灌，一般浇水要在晴天上午进行；发病后及时摘除病枝、病叶和病果，集中深埋或烧毁。

2.物理防治 在7～8月高温季节，密闭大棚15～20 d，利用太阳能使棚内温度升到50～60 ℃，最高达到70 ℃，高温闷棚消毒，杀死棚内病原，减轻病害发生。

3.化学防治 第1次用药在定植前，用50%腐霉利可湿性粉剂1 500倍液，或50%多菌灵可湿性粉剂500倍液喷淋番茄苗，要求无病苗进棚；第2次在沾花时带药，当第1穗果开花时，在配好的2,4-D或防落素稀释液中加入0.1%的50%腐霉利可湿性粉剂或50%异菌脲可湿性粉剂进行沾花或涂抹，使花器着药；第3次在浇催果水前1 d或发病初期施药，喷雾时可选用25%啶菌噁唑乳油1 000～2 000倍液加50%克菌丹可湿性粉剂400～600倍液，或50%腐霉利可湿性粉剂1 000～1 500倍液加75%百菌清可湿性粉剂600～800倍液，或21%过氧乙酸水剂1 000～1 500倍液，或用50%乙烯菌核利水分散粒剂800～1 000倍液，连续喷药2～3次以上，每次间隔7～10 d。每次喷药前把番茄的老叶、黄叶、病叶、病花、病果全部清除，以减少菌源基数，并利于植株下部通风透光。喷药要周到，施药时抓住3个位置：一是中心病株周围，二是植株中下部，三是叶片背面。保护地栽培，在发病初期，可每亩用10%腐霉利烟剂或45%百菌清烟剂250～300 g熏一夜，每隔7～9 d 熏1次，也可喷撒6.5%甲基硫菌灵・乙霉威超细粉尘剂，或5%百菌清粉尘剂每亩1 kg。

四、番茄病毒病

分布与为害

番茄病毒病在番茄种植区均有发生，一般年份可减产20%～30%，流行年份减产高达50%～70%，局部地块甚至绝产。

症状特征

番茄病毒病主要有以下类型：

（1）花叶型：在叶片出现黄绿相间或深浅相间的斑驳，叶片略有皱缩，明脉，花少，果小而劣，病株较健株略矮。

（2）蕨叶型：表现为植株不同程度矮化，上部叶片开始全部或部分变成线状，中下部叶片向上微卷，花冠加长增大，形成巨花，结果少而小（图1）。

（3）条斑型：叶、茎、果上初为深褐色斑，后叶片上为茶褐色的斑点或云纹；茎上呈条状黑褐色，病部稍凹陷，变色部分仅处在表层组织，不深入茎、果内部，严重时植株死亡；果实畸形、坚

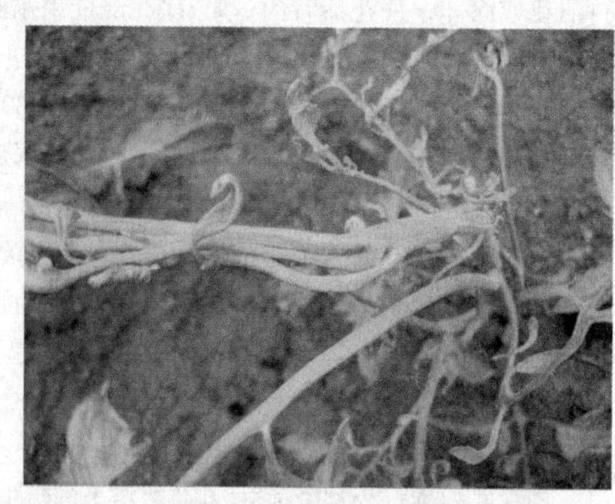

图1　番茄蕨叶型病毒病植株

硬，病斑浅褐色，表皮凹凸不平（图2、图3）。

（4）斑萎型：其症状变化大。苗期染病，幼叶变为铜色上卷，后形成许多小黑斑，叶背面叶脉呈紫色，有的生长点死掉，茎端形成褐色坏死条斑，病株仅半边生长或完全矮化或落叶呈萎蔫状，发病早的不结果。坐果后染病，果实上出现褪绿环斑，绿果略凸起，轮纹不明显，青果上产生褐色坏死斑，呈瘤状突起，果实易脱落（图4）。成熟果实染病轮纹明显，红黄或红白相间，褪绿斑在全色期明显，严重的全果僵缩。

图2 番茄条斑型病毒病病株

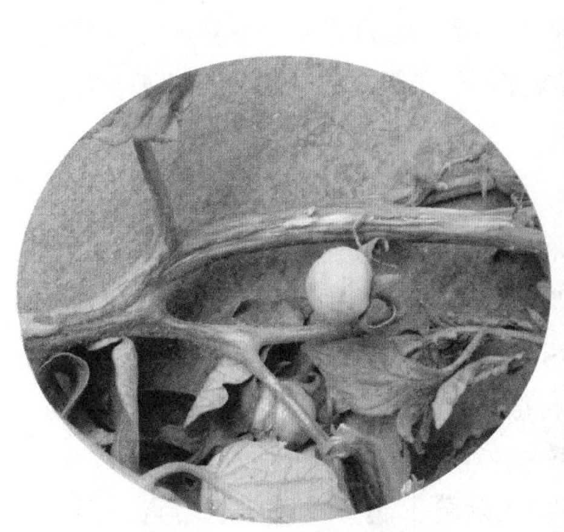

图3 番茄条斑型病毒病病茎

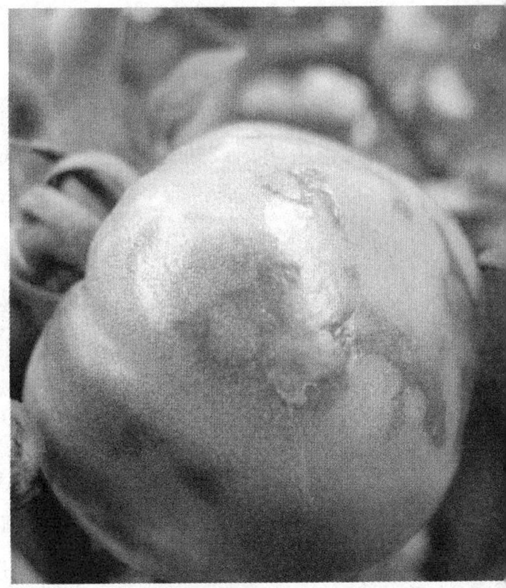

图4 番茄斑萎型病毒病病果

（5）黄化曲叶型：染病植株矮化，生长缓慢或停滞，顶部叶片常稍褪绿发黄、变小，叶片边缘上卷，叶片增厚，叶质变硬，叶背面叶脉常显紫色。生长发育早期染病植株严重矮缩，无法正常开花结果；生长发育后期染病植株仅上部叶和新芽表现症状，结果数减少，果实变小，成熟期果实着色不均匀(红不透)，基本失去商品价值（图5）。

图5　番茄黄化曲叶型病毒病

（6）卷叶型：表现为叶脉间黄化，叶片边缘上卷，小叶呈球形，扭曲成螺旋状畸形，整个植株萎缩，有时丛生，染病早的，多不能开花结果。

（7）巨芽型：表现为顶部及叶腋长出的芽大量分枝或叶片呈线状、色淡，致芽变大且畸形，病株多不能结果，或呈圆锥形坚硬小果。

发生规律

番茄病毒病是由病毒引起的病害，引致番茄病毒病的毒源有20多种。主要有烟草花叶病毒（TMV）、黄瓜花叶病毒（CMV）、烟草卷叶病毒（TLCV）、苜蓿花叶病毒（AMV）、番茄黄化曲叶病毒（TYLV或TY）、马铃薯Y病毒（PVY）、番茄烟粉虱双生病毒（WTG）、番茄斑萎病毒（TSWV）等。

烟草花叶病毒在多年生植物或杂草上越冬，种子也带毒，成为初侵染源，主要通过汁液接触传染，只要寄主有伤口即可侵入，附着在番茄种子上的果屑也能带毒。此外，土壤中的病残体，田间越冬寄主残体，烤晒后的烟叶、烟丝均可成为该病的初侵染源。

黄瓜花叶病毒主要由蚜虫传染，汁液也可传染，冬季病毒多在宿根杂草上越冬，春季蚜虫迁飞传毒，引致番茄发病。

番茄黄化曲叶病毒主要靠烟粉虱传播。烟粉虱有10多种生物型，其中B型烟粉虱繁殖快、适应能力强、传毒效率高，是最主要的传播介体。种子和摩擦接触均不传毒，因此黄化曲叶病毒病的暴发与烟粉虱暴发密切相关。不同的栽培季节，番茄黄化曲叶病毒病的发病程度存在显著差异，5～7月播种的夏秋番茄发病严重，而9～10月播种的越冬番茄发病较轻。

番茄病毒病的发生与环境条件关系密切，一般高温干旱有利于发病和传播。施用过量的氮肥，植株组织生长柔嫩或土壤瘠薄、板结、黏重以及排水不良发病重。田间管理差，分苗、定苗、整枝等农事操作中病健株互相摩擦碰撞，都会导致发病。

防治措施

1.农业防治　针对当地主要病毒毒源，因地制宜选用抗病品种；与非茄果类蔬菜轮作2年以上，有条件的可在土壤中加施石灰或硫黄粉，底肥增施磷、钾肥，也可喷施芸薹素内酯等营养剂，提高植株的抗病能力；作物收获后，彻底清除植株茎秆、落叶和周边的杂草，保持田间卫生，减少虫源。

2.化学防治

（1）种子处理：播种前用清水浸种3～4 h，再放在10%磷酸三钠溶液中浸种40～50 min，捞出后用清水冲净再催芽，或用0.1%高锰酸钾溶液浸种30 min，洗后催芽。

（2）早期防虫：可选用10%吡虫啉可湿性粉剂2 500～3 000倍液，或1.5%阿维菌素水剂2 000～3 000倍液，或5%啶虫脒乳油3 000～4 000倍液，或4.5%高效氯氰菊酯乳油1 500～2 000倍液喷雾防治蚜虫、粉虱、蓟马。

（3）生长期防治：发病初期可选用1.5%烷醇·硫酸铜乳剂1 000

倍液，或20%盐酸吗啉胍·乙酸铜可湿性粉剂500倍液，或10%宁南霉素可溶性粉剂1 000～1 500倍液，或0.5%菇类蛋白多糖水剂250倍液，或10%混合脂肪酸水剂或水乳剂100倍液，一般喷雾3～5次（视病情而定），每隔7～10 d喷1次。

五、番茄斑枯病

分布与为害

番茄斑枯病又称鱼目斑病、白星病，全国各地均有发生。该病可为害露地和保护地栽培的番茄，发病严重时造成大量叶片枯死，对产量影响很大。除为害番茄外，还可为害茄子、马铃薯等多种茄科作物和杂草，如酸浆属、曼陀罗属等。

症状特征

番茄斑枯病在各生育阶段均可发病，侵害叶片、叶柄、茎、花萼及果实。叶片染病，初在叶背生水浸状小圆斑，后在叶片两面出现很多边缘暗褐色、中央灰白色圆形或近圆形略凹陷的小斑点，病斑直径1.5 ~ 4.5 mm，斑面散生少量小黑点，进而小斑汇合成大的枯斑，有时病组织脱落造成穿孔，严重时中下部叶片全部干枯，仅剩下顶端少量健叶（图1）。茎和果实病斑近圆形，略凹陷，褐色，其上散生黑色小粒点。

图 1　番茄斑枯病病叶

发生规律

病菌在病残体、多年生茄科作物和杂草上或附着在种子上越冬，成为翌年初侵染源。借风雨传播或被雨水溅至番茄植株上，从气孔侵入，后在病部扩大为害。病菌发育适温为22～26 ℃，12 ℃以下或27.8 ℃以上时发育不良。高湿利于发病，适宜相对湿度为92%～94%，达不到这个湿度不发病。如遇多雨，特别是雨后转晴及番茄生长衰弱、肥料不足易发病。

防治措施

1.农业措施　选用抗病品种，苗床用新土或两年内未种过茄科蔬菜的阳畦或地块育苗，定植田实行3～4年轮作。从无病株上留种，并用52 ℃温水浸种30 min，取出晾干催芽播种；加强田间管理，合理用肥，增施磷钾肥，避免种植过密，采收后把病残物深埋或烧毁。

2.药剂防治　发病初期喷洒64%噁霜灵·代森锰锌可湿性粉剂400～500倍液，或58%甲霜灵·代森锰锌可湿性粉剂500倍液，或75%百菌清可湿性粉剂600倍液，或40%硫黄·多菌灵悬浮剂500倍液，或27%高脂膜乳剂80～100倍液，隔7～10 d喷1次，视病情连续防治2～3次。

六、番茄叶霉病

分布与为害

番茄叶霉病也称黑毛病，是番茄主要病害之一，全国各地均有发生，以华北和东北蔬菜区受害普遍。近年来，随着保护地番茄面积扩大，该病有加重趋势，尤其以北方温室和塑料大棚为害较重，田间一旦发病，病情发展快。

症状特征

番茄叶霉病为害叶片、茎、花和果实，以叶片受害较重。叶片发病时叶背初呈椭圆形或不规则形淡黄色或淡绿色的褪绿斑，边缘不明显（图1、图2），后在病斑上长出灰白色、灰褐色至黑褐色的绒毛状

图2　番茄叶霉病病叶（2）

图1　番茄叶霉病病叶（1）

霉层（图3）。条件适宜时，叶片正面也会长出霉层。发病多从老叶开始，渐由下向上部新叶发展蔓延，发病严重时叶片由下向上逐渐卷曲，植株呈黄褐色干枯。嫩茎和果柄染病，症状与叶片类似。花器发病易脱落。果实染病自蒂部向四面扩展，产生近圆形硬化的凹陷斑，病斑上长灰褐色至黑褐色霉层。

图3　番茄叶霉病病叶背面霉层

发生规律

番茄叶霉病病原菌为真菌。病菌在病残体内或附着在种子上或潜伏在种皮内越冬，借气流传播，病菌从幼苗或成株叶片、萼片、花梗等部位侵入，进行初侵染和再侵染。播种带病种子能引起幼苗发病。病菌发育温度为9～34 ℃，最适温度为20～25 ℃。当气温22 ℃左右，相对湿度高于90%时利于发病。该病从开始发病到流行成灾，一般需半个月左右。相对湿度低于80%，不利于病菌侵染和病斑扩展。连阴雨天气，大棚通风不良，棚内湿度大或光照弱，叶霉病扩展迅速。

防治措施

1.农业防治　选用抗病品种，严把育苗关；与瓜类和豆类蔬菜实行3年以上轮作；采用生态防治，重点是控制温、湿度，增加光照，预防高湿低温，加强水分管理，在上午浇水，苗期浇小水，定植时灌透，开花前不浇，开花时轻浇，结果后重浇，浇水后立即排湿，尽量使叶面不结露或缩短结露时间；增施充分腐熟的有机肥，避免偏施氮肥；适当密植，及时整枝打杈、绑蔓，植株坐果后适度摘除下部老叶。

2.化学防治

（1）棚室消毒：定植前每立方米温室大棚用硫黄粉5 g、锯末10 g混合后分装几处，点火后密闭熏烟一夜。

（2）种子处理：播种前用55 ℃温水浸种15 ~ 20 min，然后再用常温水浸种4 ~ 5 h，或采用2%武夷菌素水剂100倍液浸种60 min，或用种子重量的0.4%的50%克菌丹可湿性粉剂拌种。也可用2.5%咯菌腈悬浮种衣剂10 mL加水150 ~ 200 mL，混匀后可拌种3 ~ 5 kg，包衣后播种。

（3）生长期防治：发病初期，可用25%啶菌噁唑乳油800倍液加75%百菌清可湿性粉剂500倍液，或40%氟硅唑乳油4 000倍液加75%百菌清可湿性粉剂600倍液，或30%氟菌唑可湿性粉剂1 500 ~ 2 000倍液加50%克菌丹可湿性粉剂500倍液，或30%醚菌酯悬浮剂2 500倍液，或50%腐霉利可湿性粉剂1 000 ~ 2 000倍液喷雾防治，每隔7 ~ 10 d喷1次，共喷3 ~ 5次；还可以每亩使用45%百菌清烟剂200 ~ 250 g，在傍晚封闭棚室后施药，将药分放于5 ~ 7个燃放点烟熏。

七、番茄根结线虫病

分布与为害

番茄根结线虫病广泛分布于全国各地，随着保护地蔬菜生产面积的增加，重茬严重，导致番茄根结线虫为害逐年加重，一般发生年份减产10%～15%，严重时达30%～40%，甚至绝收。

症状特征

番茄根结线虫病的典型特征是在病株根部的须根或侧根上产生肥肿畸形瘤状结（图1），剖开根结可见有很小的乳白色线虫埋于其内。一般在根结之上可生出细弱新根，再度染病，则形成根结肿瘤。发病轻的地上部症状不明显，重病株矮小，生育不良，结实小，干旱时中午萎蔫或提早枯死。

图 1　番茄根结线虫病病根

发生规律

引起发病的线虫为南方根结线虫，属植物寄生线虫。根结线虫常以2龄幼虫或卵随病残体遗留土壤中越冬，可存活1～3年。翌年条件适宜，越冬卵孵化为幼虫，继续发育并侵入寄主，刺激根部细胞增生，形成根结或瘤。线虫发育至4龄时交尾产卵，雄虫离开寄主进入土中，不久即死亡。卵在根结里孵化发育，2龄后离开卵壳，进入土中进行再侵染或越冬。土温25～30 ℃，土壤持水量40%左右时，病原线虫发育快；10 ℃以下幼虫停止活动，55 ℃经10 min死亡。地势高燥、土壤质地疏松、盐分低的条件适宜线虫活动，有利于发病，连作地发病重。

防治措施

1.农业防治　选用抗根结线虫的品种，也可采用嫁接法防治根结线虫；与非寄主作物，最好与禾本科作物实行2～3年的轮作；合理施肥或灌水以增强寄主抵抗力；番茄生长期间发生根结线虫，应加强田间管理，彻底处理病残体，集中烧毁或深埋。

2.物理防治　7月或8月高温闷棚进行土壤消毒，可杀死土壤中的根结线虫和土传病害。

3.化学防治　在播种或定植时，每平方米施用1.8%阿维菌素乳油1mL，稀释2 000～3 000倍液，喷在地面上，立即翻入土中。或每亩用10%噻唑磷颗粒剂1 500～2 000 g撒施，或每亩用5亿活孢子/g淡紫拟青霉颗粒剂3～5 kg处理土壤，或每亩用35%威百亩水剂4 000～6 000 g，对水300～500 kg，于播前15 d开沟将药灌入，覆土压实，15 d后播种。

八、番茄疫霉根腐病

分布与为害

番茄疫霉根腐病是番茄生产的重要病害之一，在全国各地均有发生。

症状特征

番茄疫霉根腐病发病初期于茎基或根部产生褐斑，逐渐扩大后凹陷，严重时病斑绕茎基部或根部一周，致地上部逐渐枯萎。纵剖茎基部或根部，导管变为深褐色，后根茎腐烂，不长新根，植株枯萎而死（图1）。本病在结果期可引起绵疫病。

图 1　番茄疫霉根腐病病根

发生规律

番茄疫霉根腐病属真菌病害。病菌在土壤中的病残体上越冬，借灌溉水或雨水传播蔓延。高温高湿或地温低利于发病。该病多由管理失误造成，如定植后地温低，土壤湿度过高，且持续时间长，或塑料棚室栽培番茄遇连阴天未能及时放风，形成高温高湿条件，尤其是大水灌后未能及时放风、排湿等都会导致该病发生和流行。

防治措施

1.农业防治 使用排水良好的高苗床或地块，避免土壤过分紧密，平整土地，适量浇水，并缩短灌水时间，使水分快速渗入土中，严防大水漫灌；定植后做好棚内温、湿度及地温管理，湿度升高及时放顶风排湿，地温低需及时松土2～3次，提高地温，创造根系正常发育的条件。

2.化学防治 发病初期喷洒66.8%丙森锌·异丙菌胺可湿性粉剂500～700倍液，或68.75%氟吡菌胺·霜霉威悬浮剂600～800倍液，或69%烯酰吗啉·代森锰锌水分散粒剂600～800倍液，或72.2%霜霉威盐酸盐水剂 600～800倍液，或60%氟吗啉·代森锰锌可湿性粉剂500～700倍液，或72%霜脲氰·代森锰锌可湿性粉剂600～800倍液，喷洒重点是植株茎基部和地面，发病重直接用配好的药液浇灌，视病情隔7～10 d喷1次。

九、番茄筋腐病

分布与为害

番茄筋腐病又称条腐病、条斑病，是保护地番茄发生比较普遍且严重的一种生理性病害。保护地栽培番茄较露地番茄发病重，严重田块病果率可达90%以上，影响番茄产量和质量。

症状特征

番茄筋腐病主要为害果实。常见有两种类型：一是褐变型。幼果期开始发生，主要为害1~2穗果，在果实膨大期果面上出现局部褐变，果面凸凹不平，个别果实呈茶褐色变硬或出现坏死斑，剖开病果可见果皮里的维管束呈茶褐色条状坏死、果心变硬或果肉变褐，失去商品价值（图1、图2）。二是白变型。主要发生在绿熟果转红期，其病症是果实着色不匀，轻的果形变化不大，重的靠胎座部位的果面呈绿色凸起状，其余转红部位稍凹陷，病部具蜡样光泽。剖开病果可见果肉呈“糠心”状，果肉维管束组织呈黑褐色，轻的部分维管束变褐坏死，且变褐部位不变红，果肉硬化，品质差；发病重的果实、果肉维管束全部呈黑褐色，胎座组织发育不良，部分果实形成空洞，果面红绿不匀。番茄筋腐病一般不易从茎叶表面看出症状，但剖开距根部70 cm处的茎部，可见茎的输导组织呈褐色病变，引致果实呈上述病状，有别于病毒病。

图1　番茄筋腐病病果

图2　番茄筋腐病病果剖面

发生规律

土壤中氮肥过多，氮、磷、钾比例失调，土壤含水量高，施用未腐熟的人粪尿，光照不足，温度偏低，二氧化碳量不足，新陈代谢失常，维管束木质化而诱发筋腐病发生。番茄结果期间低温光照差，植株对养分吸收能力差，影响光合产物积累，易发生筋腐病；浇水过量或土壤含水量高，土壤通透性差，妨碍根系吸收养分和水分，则发病重。另外，冬天气温较高，昼夜温差小也易诱发筋腐病。

防治措施

（1）选用抗性品种。

（2）科学确定播种、定植期。

（3）注意轮作换茬，缓和土壤养分的失衡。

（4）合理施肥。施用酵素菌沤制的堆肥或充分腐熟的有机肥，采用配方施肥技术，重病地块减少氮肥用量。坐果后开始喷施复合微肥，隔15 d左右施1次，连施2～3次。

（5）科学浇水。一次浇水不宜过多，保持土壤湿度适宜，雨后及时排水。

十、番茄脐腐病

分布与为害

番茄脐腐病又称蒂腐病，是番茄上常见的病害之一。保护地、露地均有发生，但保护地重于露地。发病严重时常造成果实黑斑、腐烂，直接影响产量和品质。

症状特征

初在幼果脐部出现水浸状斑，后逐渐扩大，至果实顶部凹陷，变褐，通常直径1 ~ 2 cm，严重时扩展到小半个果实。干燥时病部为革质，遇湿度大时腐生霉菌寄生其上出现黑色霉状物（图1、图2）。病果提早变红且多发生在一二穗果上，同一花序上的果实几乎同时发病。

图 1 番茄脐腐病病果

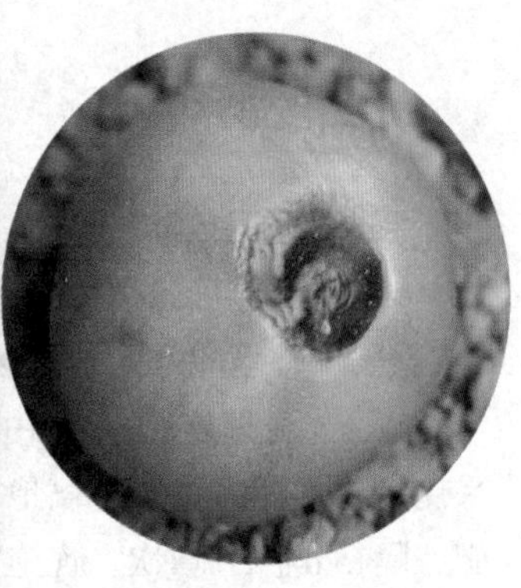

图 2 番茄脐腐病发病较重病果

发生规律

一种观点认为发病的主要原因是水分供应失调。干旱条件下供水不足，或忽干忽湿，水分供应失常，番茄叶片蒸腾消耗所需的大量水分与果实进行争夺，或被叶片夺走，特别当果实内、果脐部的水分被叶片夺走时，由于果实突然大量失水，导致其生长发育受阻，形成脐腐。另一种观点认为发病的原因是缺钙。认为是番茄不能从土壤中吸收足够的钙素和硼素，致使脐部细胞生理紊乱，失去控制水分能力；或土壤中氮肥过多、营养生长过旺致土壤缺钙，果实不能及时得到钙的补充，如果实含钙量低于0.2%即引致发病。此外，干旱条件下喷洒波尔多液发病重。

防治措施

1.农业防治 选用果皮光滑、果实较尖的抗病品种，如金棚1号、东圣1号等；采用地膜栽培可提高地温，促进根系发育，增强吸水能力，保持土壤水分相对稳定，并能减少土壤中钙质养分淋失；适量及时灌水，尤其结果期更应注意水分均衡供应，灌水应在上午9～12时进行；采用配方施肥技术，根外追施钙肥，番茄着果后1个月内是吸收钙的关键时期。

2.物理防治 使用遮阳网覆盖，减少植株水分过分蒸腾。

3.药剂防治 可喷洒1%的过磷酸钙，或0.5%氯化钙加5 mg/kg萘乙酸，或0.1%硝酸钙及1.4%复硝酚钠水剂6 000倍液，从初花期开始，隔15 d 喷1次，连续喷洒2次。

十一、辣椒病毒病

分布与为害

辣椒病毒病广泛分布于全国各地，尤其在高温干旱条件下易发生，一般发生田可减产30%左右，严重的高达60%以上，甚至绝产。

症状特征

辣椒病毒病常见有花叶、黄化、坏死和畸形等四种症状。

（1）花叶：分为轻型花叶和重型花叶两种类型，轻型花叶病叶初现明脉轻微褪绿，或现浓、淡绿相间的斑驳，病株无明显畸形或矮化，不造成落叶（图1）；重型花叶病叶除表现褪绿斑驳外，叶面凹凸不平，叶脉皱缩畸形，或形成线形叶，生长缓慢，果实变小，严重矮

图 1　辣椒病毒病轻型花叶

化（图2）。

（2）黄化：病叶明显变黄，出现落叶现象（图3）。

（3）坏死：病株部分组织变褐坏死，表现为条斑，顶枯，坏死斑驳及环斑等（图4）。

（4）畸形：病株变形，如叶片变成线状，即蕨叶，或植株矮小，分枝极多，呈丛枝状（图5、图6）。

图2　辣椒病毒病矮化症状

图3　辣椒病毒病黄化

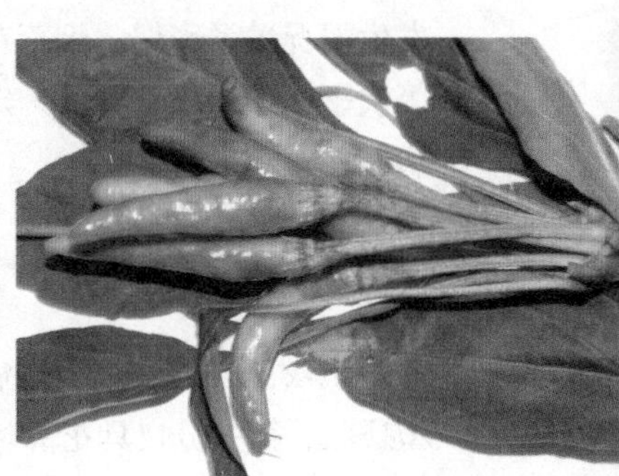
图4　辣椒病毒病果坏死

图6　辣椒病毒病畸形丛枝

图5　辣椒病毒病畸形蕨叶

有时几种症状同在一株上出现，或引起落叶、落花、落果，严重影响辣椒的产量和品质。

发生规律

为害辣椒的病毒种类有黄瓜花叶病毒、烟草花叶病毒、马铃薯Y病毒、烟草蚀纹病毒、马铃薯X病毒、苜蓿花叶病毒、蚕豆萎蔫病毒、辣椒轻微斑驳病毒和番茄斑萎病毒等，其中黄瓜花叶病毒可划分为4个株系，即重花叶株系、坏死株系、轻花叶株系及带状株系。

传播途径随其毒源种类不同而异，但主要可分为虫传和接触传染两大类。可借虫传（蚜虫和蓟马等）的病毒主要有黄瓜花叶病毒、番茄斑萎病毒、马铃薯Y病毒及苜蓿花叶病毒，其发生与昆虫介体的发生情况关系密切，烟草花叶病毒靠接触及伤口传播，通过整枝打杈等农事操作传染。此外，定植晚，连作地，低洼地及缺肥地易引起该病流行。

防治措施

1.农业防治　选用抗病品种，适时播种，培育壮苗，要求秧苗株型矮壮，第一分杈具花蕾时定植；遮阳栽培，及时防蚜虫。

2.化学防治　播种前，种子用10%磷酸三钠浸20～30 min后洗净催芽。在分苗、定植前或花期分别喷洒0.1%～0.2%硫酸锌。发病初期喷洒20%盐酸吗啉胍·乙酸酮可湿性粉剂500倍液，或1.5%烷醇·硫酸铜乳剂1 000倍液，或10%混合脂肪酸水剂或水乳剂100倍液，或0.5%菇类蛋白多糖水剂200～300倍液，隔10 d喷1次，连续防治3～4次。

十二、辣椒根腐病

分布与为害

辣椒根腐病是辣椒常见的病害之一，各菜区均有发生，露地、保护地都可发病，尤其在老种植区发生较重，发病严重时造成根系腐烂、植株枯死。

症状特征

辣椒根腐病多发生于定植后，起初病株白天枝叶萎蔫，傍晚至翌日清晨恢复，反复多日后整株青枯死亡（图1）。病株的根茎部及根皮

图 1 辣椒根腐病大田症状

层呈淡褐色至褐色腐烂，极易剥离，露出暗色的木质部，萎蔫阶段根茎木质部多不变色，病部一般仅局限于根和根茎部（图2、图3）。

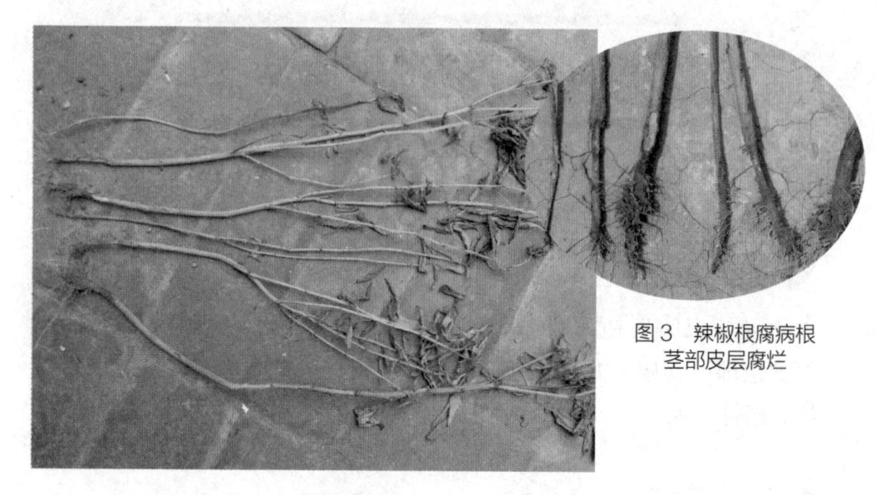

图3　辣椒根腐病根茎部皮层腐烂

图2　辣椒根腐病植株

发生规律

辣椒根腐病属真菌病害。病菌在土壤中及病残体上越冬，可在土壤中存活5～6年或长过10 年，成为主要侵染源。病菌从根部伤口侵入，然后借雨水或灌溉水传播蔓延，进行再侵染。高温、高湿条件利于发病，连作地、低洼地、黏土地或下水头发病重。

防治措施

1.农业防治　因地制宜，适期早播；加强田间管理，防止菜地积水。

2.化学防治　用次氯酸钠浸种，浸种前先用0.2%～0.5%的碱液清洗种子，再用清水浸种 8～12 h，捞出后置入配好的1%次氯酸钠溶液中浸5～10 min，冲洗干净后催芽播种，也可用咯菌腈进行种子包衣。发病初期，可用50%多菌灵可湿性粉剂500倍液，或50%甲基硫菌灵可湿性粉剂500倍液，或75%敌磺钠可湿性粉剂800倍液，或30%噁霉灵水剂600 ~ 800倍液灌根或喷淋，隔10 d左右施1次，连续2 ~ 3次。

十三、辣椒炭疽病

分布与为害

辣椒炭疽病在全国各地均有发生，通常减产20%～30%，严重地块也有减产50%以上的。

症状特征

辣椒炭疽病主要为害果实。果斑近圆形至椭圆形，直径长达数厘米，边缘深褐色，中部淡褐色至褐色，有的稍凹陷，或隐现轮纹，斑面出现朱红色小点或小黑粒（图1～图3），病斑向纵深发展，致果肉变褐腐烂，病果不能食用。叶片染病，初为褪绿色水浸状斑点，后渐

图1　辣椒炭疽病病果（1）

图2　辣椒炭疽病病果（2）

变为褐色，中间淡灰色，近圆形，其上轮生小点（图4）。茎及果梗受害，病斑褐色凹陷，呈不规则形，表皮易破裂。

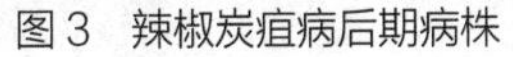

图3　辣椒炭疽病后期病株

图4　辣椒炭疽病病叶

发生规律

辣椒炭疽病病原为真菌。病菌主要随病残体在地上越冬，也可潜伏于种子内，或附着于种子表面越冬，成为翌年初侵染源。主要依靠雨水溅射传播，也可借助小昆虫活动而传播，从伤口或表皮贯穿侵入致病。发病的最适宜温度为27 ℃左右，相对湿度95%以上。温暖多湿的天气病害严重，烂果多。当气温达30 ℃以上时，天气干旱的条件下停止发病扩展。重茬地、地势低洼、排水不良、氮肥过多、植株郁闭或通风不良、植株生长势弱的地块发病重。

防治措施

1.农业防治　与非茄果类蔬菜实行轮作；施用充分腐熟的有机肥。

2.物理防治　用55 ℃温水浸种10 min后，放入冷水中冷却后催芽播种。

3.化学防治　用种子重量0.3%的50%多菌灵可湿性粉剂或25%溴菌腈可湿性粉剂拌种。发病初期喷25%咪鲜胺乳油600倍液，或50%炭疽福美可湿性粉剂600～800倍液，或50%混杀硫悬浮剂500～800倍液，或50%苯菌灵可湿性粉剂1 500倍液，或50%多菌灵可湿性粉剂500倍液，或25%腈苯唑悬浮剂1 000倍液，或25%溴菌腈可湿性粉剂500倍液，或70%甲基硫菌灵可湿性粉剂1 000倍液，间隔7～10 d喷 1次，连续2～3次。

十四、辣椒疫病

分布与为害

辣椒疫病在全国各地均有发生，尤其是老种植区发生较重。主要为害成株，发病植株急速凋萎死亡，成为毁灭性病害（图1、图2）。

图1　辣椒疫病病株

图2　辣椒疫病大田症状

症状特征

辣椒疫病在苗期、成株期均有为害，茎、叶和果实都能发病。苗期发病，茎基部呈暗绿色水浸状软腐或猝倒，即苗期猝倒病；有的茎基部呈褐色，幼苗枯萎而死。叶片染病，初为水浸状，后扩大为暗绿色圆形或近圆形病斑，直径2～3 cm，边缘黄绿色，中央暗褐色，湿度大时病部有稀疏白色菌丝体和白色粉状小点，病斑干后变为淡褐色，叶片软腐脱落。果实染病始于蒂部，初生暗绿色水浸状斑，迅速变褐软腐，湿度大时表面长出白色霉层，干燥后形成暗色僵果，残留在枝上。茎部发病多在茎基部和枝杈处，病斑初为水浸状，后出现环绕表皮扩展的褐色或黑褐色条斑，引起皮层腐烂，病部以上枝叶迅速凋萎（图3、图4）。各个部位的病部后期都能长出稀薄的白霉（图5）。

图3　辣椒疫病发生较重病茎

图4　辣椒疫病病茎

图5　辣椒疫病病茎长出霉层

发生规律

辣椒疫病是真菌病害。病菌主要在土壤中或病残体及种子上越冬，其中土壤中的病残体带菌率最高。病菌借雨水或灌溉水传播侵染，使该病流行。当田间气温在25～30 ℃、相对湿度高于85%时易发病。该病发病周期短，流行速度迅猛，特别在灌水或久雨过后天气突然转晴、气温急剧上升时最易暴发流行。土壤相对湿度95%以上持续4～6 h，病菌即完成侵染过程。与茄科或瓜类蔬菜连作时发病较重；土质黏重，土壤偏酸，浇水过勤，田间排水不畅的地块也易发生病害。此外，植株长势较差，定植过密，通风透光不良的地块发病重。

防治措施

1.农业防治 选择种植抗病品种，或采用砧木嫁接；与禾本科作物轮作3年以上；地膜覆盖高垄栽培；合理密植，注意排水，保护地不要大水漫灌；发现病株及时拔除，带出田外烧毁或深埋，并对病穴进行消毒，作物收获后彻底清洁田园。

2.化学防治 播种前进行种子消毒，可用10%甲醛浸种30 min，药液以浸没种子5～10 cm为宜，之后捞出漂洗，催芽播种；也可用20%甲基立枯磷乳油1 000倍液浸种12 h，冲洗干净后催芽播种；或清水浸种8～10 h后用1%硫酸铜液浸种5 min，捞出拌少量草木灰播种。发病初期，及时喷洒和浇灌70%乙膦铝·代森锰锌可湿性粉剂500倍液，或72.2%霜霉威盐酸盐水剂600～800倍液，或58%甲霜灵·代森锰锌可湿性粉剂400～500倍液，或64%噁霜灵·代森锰锌可湿性粉剂500倍液，或60%琥胶肥酸铜·乙膦铝可湿性粉剂500倍液。此外，在夏季高温雨季病害易发时用98%硫酸铜每亩每次1～1.5 kg撒施田间后浇水，或浇水时放于水口处，随水流入田间，防效明显。棚室栽培阴天还可以用45%百菌清烟剂每亩每次250 g进行熏蒸防治，或每亩每次用5%百菌清粉尘剂1 kg，隔9 d左右喷1次，连续防治2～3次。

十五、辣椒白粉病

分布与为害

辣椒白粉病近年来在我国许多设施和露地栽培地区经常发生，在辣椒的各个生长期都容易出现，但其隐蔽性强，很难在早期发现。严重发生时，对产量影响很大。

症状特征

辣椒白粉病仅为害叶片。老叶、嫩叶均可染病，病叶正面初生褪绿小黄点，后扩展为边缘不明显的褪绿黄色斑驳。病叶背面产出白粉状物，严重时病斑密布，终致全叶变黄（图1）。病害流行时，白粉迅速增加，覆满整个叶部，叶片产生离层，大量脱落形成光秆。

图 1　辣椒白粉病病叶

发生规律

辣椒白粉病是真菌病害。病菌随病叶在地表越冬。在田间，主要靠气流传播蔓延，从寄主叶背气孔侵入。病菌形成和萌发适温为15~30 ℃，侵入和发病适温为15~18 ℃。一般25~28 ℃和稍干燥条件下该病流行。发病一定要有水滴存在。

防治措施

1.农业防治 选用抗病品种；加强肥水管理，以腐熟的有机肥作基肥，增施磷钾肥，切忌大水漫灌；对保护地要注意控制温度，防止棚室温度过低和空气干燥。

2.化学防治 发病前期或初期，及时喷洒2%武夷菌素水剂150~200倍液，或2%宁南霉素水剂200倍液，或2%多抗霉素水剂200倍液，或10%苯醚甲环唑水分散粒剂2 000~3 000倍液，或15%三唑酮乳油1 000倍液，或40%氟硅唑乳油8 000~10 000倍液，或25%腈菌唑乳油500~600倍液，隔7~10 d喷1次，连续防治2~3次。

十六、辣椒灰霉病

分布与为害

辣椒灰霉病是辣椒生产上致命病害之一，在全国各地均有发生，冬春低温、多阴雨天气极易发生。

症状特征

辣椒灰霉病在苗期、成株期均有为害，叶、茎、枝、花器、果实均可受害。幼苗染病，子叶先端变黄，后扩展到幼茎，致茎缢缩变细，由病部折断而枯死。叶片感染从叶尖或叶缘发病，致使叶片灰褐色腐烂或干枯，湿度大时可见灰色霉层。茎部染病，初为条状或不规则水浸状斑，深褐色，后病斑环绕茎部，湿度大时生较密的灰色霉层，有时茎部轮纹状病斑明显绕一周，病处凹陷缢缩，不久即造成病部以上死亡。花器染病，初期花瓣呈现褐色小型斑点，后期整个花瓣呈褐色腐烂，花丝、柱头亦呈褐色。果实染病，病菌多自蒂部、果脐和果面侵染果实，侵染处果面呈灰白色水渍状，后发生组织软腐，造成整个果实呈湿腐状，湿度大时部分果面密生灰色霉层（图1～图3）。

图1　辣椒灰霉病从果蒂侵染病果

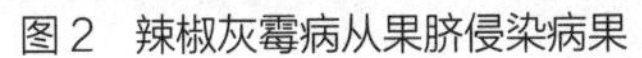

图2　辣椒灰霉病从果脐侵染病果

图3　辣椒灰霉病发病后期病果

发生规律

辣椒灰霉病是真菌病害。病菌遗留在土壤中，或在病残体上越冬，借气流、雨水或农事操作等传播，发病适温23 ℃，最高31 ℃，最低2 ℃。大棚内湿度持续较大是发病的主导因素，尤其在春季连阴雨天气多，气温偏低，放风不及时，棚内湿度大时，能引起灰霉病发生和蔓延。另外，植株密度过大、生长旺盛、管理不当都会加快此病扩展。

防治措施

1.农业防治　加强栽培管理，合理密植，保持棚面清洁，增强光照强度，降低棚内湿度，避免在阴雨天或下午浇水，防止大水漫灌，及时放风，控制湿度；发病后及时清除病果、病叶和病枝，并集中烧毁或深埋。

2.化学防治　在发病初期喷药，可用20%腐霉利可湿性粉剂1 500～2 000倍液，或50%啶酰菌胺水分散粒剂1 000～1 500倍液，或50%异菌脲可湿性粉剂1 500倍液，或每亩用30%氟吗啉水分散片剂10 g，每隔7 ~ 10 d叶面喷雾1次，连喷2 ~ 3次。喷药时要注意全面、均匀、细致，叶片下部及叶的背面要重点喷，带病株的周围植株要重点喷。

十七、辣椒细菌性青枯病

分布与为害

辣椒细菌性青枯病在我国主要分布在华东、华中、华南和西南部分地区。近年来随着北方保护地面积不断扩大，辣椒细菌性青枯病发生日趋严重，对产量影响明显。

症状特征

辣椒细菌性青枯病一般在苗期不发病，常在辣椒结果后才开始表现症状，至盛夏时发病最为严重。发病初期植株顶部叶片萎蔫下垂，接着下部叶片凋萎，最后中部叶片凋萎，也有一侧叶片先萎蔫或整株叶片同时萎蔫的。初发病时，病株白天萎蔫重，夜晚尚可恢复，2～3 d后全株萎蔫死亡（图1）。死株仍保持绿色，但色泽稍淡。病株根部常变褐腐烂，病茎表皮粗糙，茎

图 1　辣椒细菌性青枯病萎蔫病株

中下部增生不定根，部分病茎可见1～2 cm大小褐色病斑，纵切茎部可见木质部淡褐色，横切茎部保湿后手指挤压断面有白色混浊黏液溢出（图2）。

图2　辣椒细菌性青枯病菌脓在水中溢出

发生规律

辣椒细菌性青枯病为细菌病害。病菌随寄主病残体遗留在土壤中越冬。翌年通过雨水、灌溉水、地下害虫、操作工具等传播，多从寄主根部或茎基部皮孔和伤口侵入，前期属于潜伏状态，条件适宜时即可在维管束内迅速繁殖，并沿导管向上扩展，使整个输导组织被破坏而失去功能，茎叶因得不到水分的供应而萎蔫。高温高湿的环境条件最有利于青枯病的发生，土温20 ℃时病菌开始活动，土温达25 ℃时病菌活动旺盛，田间往往出现发病高峰，土壤含水量达25%以上时，易于发病。雨后初晴，气温升高快，空气湿度大，热量蒸腾加剧，易促成该病流行，尤其是久雨或大雨后暴晴，病害往往暴发流行。微酸性或钾肥缺乏的土壤发病重。另外，地势低洼、排水不良的地块发病重。

防治措施

1.农业防治　实行轮作，最好是水旱轮作；适期播种，培育壮苗、无病苗；清除病残体，结合整地每亩撒施50～100 kg石灰，使土壤呈微碱性，增施草木灰或钾肥也有良好效果；有机肥要充分发酵消毒；适当控制浇水，严禁大水漫灌，高温季节应在清晨或傍晚浇水；

植株生长早期应进行深中耕，其后宜浅耕，至生长旺盛后期则停止中耕，以免损伤根系，利于病菌侵染。

2.化学防治 发病期要预防性喷药，常用农药有80%乙蒜素乳油1 500倍液，或14%络氨铜水剂300倍液，或77%氢氧化铜可湿性粉剂500倍液，或72%农用硫酸链霉素可溶性粉剂4 000倍液，每隔7～10 d喷1 次，连续防治3～4次。进入坐果期或发现病株后用80%乙蒜素乳油1 500倍液，或77%氢氧化铜可湿性粉剂500倍液，或72%农用硫酸链霉素可湿性粉剂4 000倍液灌根，每7～10 d灌1次，连续3～4次，也可用50%敌枯双可湿性粉剂800～1 000倍液灌根，每隔10～15 d灌根1次，连续灌2～3次。

十八、辣椒细菌性疮痂病

分布与为害

辣椒细菌性疮痂病又称辣椒细菌性斑点病，俗称“疱病”，是辣椒上普遍发生的一种世界性病害，该病害不仅降低辣椒产量，而且还严重影响果实品质。

症状特征

辣椒细菌性疮痂病主要发生于辣椒幼苗与成株叶片、茎部与果实上，以叶片最常见。其典型症状是发病部位隆起疮痂状的小黑点而引起落叶。幼苗发病后叶片产生银白色水浸状小斑点，后变为暗色凹陷的病斑，可引起全株落叶。成株期叶片染病之初的小斑点呈圆形或不规则形，边缘暗褐色稍隆起，中央颜色较淡略凹陷，病斑表面粗糙，常有几个病斑连在一起形成大病斑（图1）。如果

图 1　辣椒细菌性疮痂病病叶

病斑沿叶脉发生，常造成叶片畸形。受害的茎、叶柄及果梗上形成不规则的条斑，后木栓化并隆起、纵裂呈疮痂状。果实被侵染，初为暗褐色隆起的小点或为带水渍状边缘的疱疹，逐渐扩大为圆形或长圆形的黑色疮痂斑，潮湿时可见菌脓从病部溢出（图2）。

图2　辣椒细菌性疮痂病病果

发生规律

辣椒细菌性疮痂病由细菌侵染引起。病菌主要是在种子表面越冬，也可以随病残体在田间越冬。病菌与植株叶片接触后，从气孔或伤口侵入，在细胞间繁殖，致使表皮组织增厚形成疮痂状，病菌通过风雨或昆虫传播蔓延。此病在高温多雨季节易发生，病菌发育适温为27～30 ℃，相对湿度大于80%，尤其是暴风雨更有利于病菌的传播与侵染，雨后天晴极易流行。种植过密，生长不良，容易感病。

防治措施

1.农业防治　可与大豆、玉米实行2～3年的轮作；辣椒收获后，及时清除植株病残体和自生苗，以防翻入地下，造成翌年侵染。

2.化学防治　播种前进行种子处理，先将种子用清水浸泡10～12 h后，再用0.1%硫酸铜溶液浸种6 min，捞出后用清水冲洗干净，晾干后即可播种。大雨过后和发病初期，喷施72%新植霉素可溶性粉剂4 000～5 000倍液，或30%琥胶肥酸铜可湿性粉剂300倍液，或72%农用硫酸链霉素可溶性粉剂4 000倍液，或77%氢氧化铜可湿性粉剂500倍液，或47%春雷霉素·氧氯化铜可湿性粉剂600倍液进行防治，每5～7 d喷1次，连喷3次。

十九、茄子褐纹病

分布与为害

茄子褐纹病是茄子重要病害之一，与茄子绵疫病、黄萎病一起被称为茄子的三大病害，我国南、北方均有发生，引起缺苗或果实腐烂，病果率可达20%～30%，病果不能食用，对产量影响很大。

症状特征

茄子褐纹病在苗期及结果期均可发生。苗期发病，多在幼茎基部先产生水浸状梭形或椭圆形病斑，稍后病斑逐渐变褐至黑褐色并长有许多小黑点，当病斑环绕茎周时，病部凹陷，使幼苗猝倒，大苗立枯。结果期发病，病叶先出现水浸状白色小斑点，后逐渐扩大成近圆形至多角形，发病部与健康部分界明晰，病斑边缘深褐色，中央浅褐色至灰白色，具有轮纹，有大量小黑点，病部易破裂穿孔（图1）。茎部染病，初呈

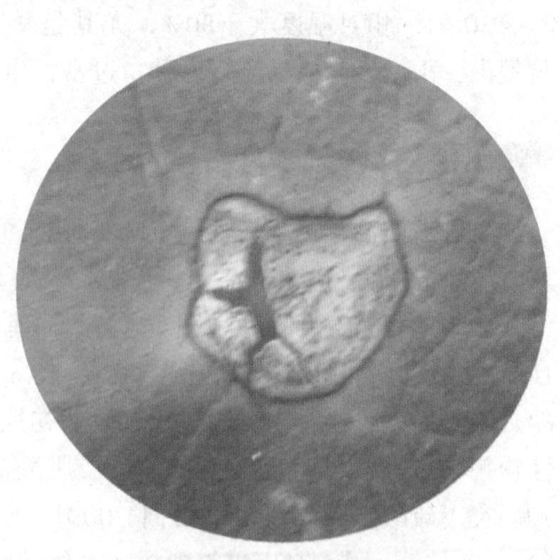

图1　茄子褐纹病病叶

近菱形斑，边缘深褐色，中部淡褐色至灰白色，稍凹陷，轮生许多黑褐色小点，严重时病斑绕茎扩展或相互连合，病部组织坏死干腐，患部密生小黑点，茎枝皮层脱落，露出木质部，遇大风易折断枯死（图2）。果实染病，果面先出现淡褐色圆形、椭圆形或不规则病斑，斑面病征明显，有针头大的小黑粒，呈同心轮纹状排列。病斑逐渐扩大，可达果实大部分乃至全果，最后病果腐烂脱落，或干腐挂在枝上成僵果，全果密生小黑粒，手摸质感粗糙（图3）。

图2 茄子褐纹病病茎

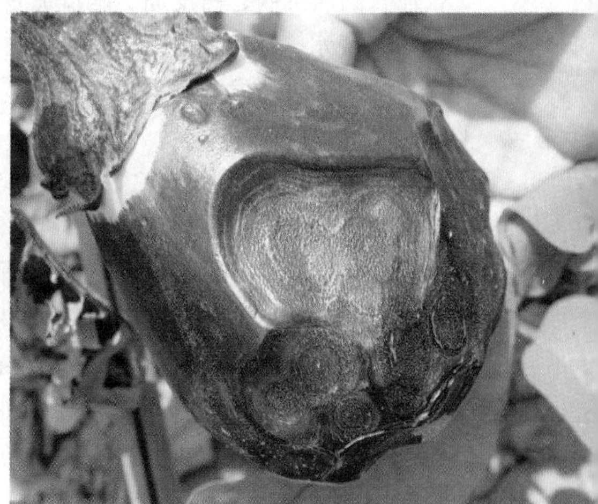

图3 茄子褐纹病病果

发生规律

茄子褐纹病为真菌病害。病菌在土表的病残体上越冬，或潜伏在种皮内部，或黏附在种子表面越冬，成为翌年的初侵染源。播种带病种子能引起幼苗直接发病，土壤带菌能引起茎基部溃疡。植株感病，病斑上病菌可直接穿透寄主表皮侵入，也能通过伤口侵染。通过风雨、昆虫及农事操作进行传播和重复侵染，造成叶片、茎秆的上部以及果实大量发病。

茄子褐纹病是高温、高湿性病害。病菌发育最低温度为7～11 ℃，最高温度为35～40 ℃，最适温度为28～30 ℃。田间气温28～30℃、相对湿度高于80%持续时间比较长，连续阴雨，易发病。连作地、密度过大、氮肥过多、植株长势较弱、地势低洼、排水不良、夏季多雨等发病重。

防治措施

1.农业防治　与非茄科作物实行3年以上的轮作；选用抗病品种，长茄较圆茄抗病，白皮茄、绿皮茄较紫皮茄抗病；夏季高温干旱，适宜傍晚浇水，降低地温；雨季及时排水，防止地面积水，以保护根系；适时采收，发现病果及时摘除，收获后彻底清除田间病残体，并及时翻耕。

2.物理防治　用55 ℃温水浸种15 min，捞出后置30 ℃以下水中浸6 ~ 8 h，然后催芽播种。

3.化学防治　育苗前进行苗床消毒，每平方米苗床用50%多菌灵可湿性粉剂10 g，或50%福美双可湿性粉剂8 g，与细干土10 ~ 20 kg充分拌匀，用1/3药土铺底，播种后，将剩余药土覆在种子上。发病初期，可用75%百菌清可湿性粉剂600倍液，或70%代森锰锌可湿性粉剂500倍液，或64%噁霜灵·代森锰锌可湿性粉剂500倍液，或58%甲霜灵·代森锰锌可湿性粉剂600倍液喷雾，每隔7 d左右喷1次，连喷2 ~ 3次。

二十、茄子黄萎病

分布与为害

茄子黄萎病是为害茄子的重要病害之一，在全国各地均有发生，发病严重年份造成绝收或毁种。

症状特征

茄子黄萎病在苗期即可为害，田间多在坐果后表现症状，病株多从下向上或从半边向全株发展（图1），有时植株仅半边发病，呈半边

图 1　茄子黄萎病田间症状

疯或半边黄（图2）。初期叶缘及叶脉间出现褪绿斑，病株初在晴天中午呈萎蔫状，早晚尚能恢复，经一段时间后不再恢复，叶缘上卷变褐脱落，病株逐渐枯死，叶片大量脱落成光秆。剖视病茎，维管束变褐。

图2　茄子黄萎病病株

发生规律

茄子黄萎病为真菌病害。病菌随病残体在土壤中越冬，可存活6~8年，可随耕作栽培活动及调种传播蔓延。病菌从根部伤口或根尖直接侵入，进入导管内向上扩展至全株，引致系统发病。种子也可带菌。病原在田间靠风、雨以及浇水等农事操作等传播。温、湿度是黄萎病发生轻重的重要条件，发病适温为19~24 ℃；土壤含水量高于25%时病害发生严重，在土壤含水量小于16%的干燥条件下发病较轻。降水多、温度低于15 ℃且持续时间长，或久旱后灌水不当，地温下降，田间湿度大，连作重茬，病害发生重。该病在当年不再进行重复侵染。

防治措施

1.农业防治　与非茄科作物实行4年以上轮作；施足腐熟有机底肥，增施磷钾肥；发现病株及时拔除，收获后彻底清除田间病残体烧毁。

2.物理防治 播前对种子进行消毒，将种子先在常温水中浸泡15 min，后转入55 ℃的热水中浸泡15 min，并不断搅拌，然后用30 ℃的温水浸泡12 h，太阳光高温消毒。夏季高温季节，先将田块表土层耕翻耙碎并喷水至湿润，用无色透明塑料薄膜覆盖严实，设施栽培可同期密闭棚室15 d以上。对于发病严重的田块可考虑太阳光高温消毒与化学药剂熏蒸结合使用。

3.化学防治 用50%多菌灵可湿性粉剂500倍液浸种1～2 h后，用清水洗净再催芽。苗床用50%多菌灵可湿性粉剂按每平方米10 g加细土拌匀混撒于表层，再播种育苗。整地时，可每亩用50%多菌灵可湿性粉剂4 g，加细土100 g拌匀撒施。定植时每亩用50%多菌灵可湿性粉剂1 kg加40～60 kg细干土拌匀穴施。发病初期喷施50%多菌灵可湿性粉剂500倍液，或70%代森锰锌可湿性粉剂600倍液，或70%甲基硫菌灵可湿性粉剂600倍液。

二十一、茄子绵疫病

分布与为害

茄子绵疫病又称烂茄子，在各菜区普遍发生，露地、保护地茄子均可为害，发病严重时常造成果实大量腐烂，直接影响产量。

症状特征

茄子绵疫病主要为害果实、叶、茎、花器等部位。果实染病，近地面果实先发病，受害果初现水浸状圆形斑点，稍凹陷，果肉变黑褐色腐烂，易脱落，湿度大时，病部表面长出茂密的白色棉絮状菌丝，迅速扩展，病果落地很快腐败（图1）。茎部染病，初呈水浸状，后变

图1　茄子绵疫病后期病果白霉

暗绿色或紫褐色，病部缢缩，其上部枝叶萎垂，湿度大时上生稀疏白霉。叶片染病，呈不规则或近圆形水浸状淡褐色至褐色病斑，有较明显的轮纹，潮湿时病斑上生稀疏白霉。幼苗被害引起猝倒。

发生规律

病菌随病残组织在土壤中越冬，翌年经雨水溅到茄子果实上，病菌从茄子表皮侵入，借风雨传播，再侵染，秋后在病组织中越冬。病菌生长发育温度为28～30 ℃，适宜发病温度为30 ℃，相对湿度85%，有利于病菌形成，因此高温多雨、湿度大成为此病流行条件。在适宜条件下，病果经24 h即显症，64 h即可再侵染。地势低洼，土壤黏重的下水头及雨后水淹、管理粗放和杂草丛生的地块发病重。

防治措施

1.农业措施 选用抗病品种；与非茄果类、非瓜类蔬菜轮作3年以上；选择高低适中、排灌方便的田块，秋冬深翻，施足优质充分腐熟的有机肥，采用高垄或半高垄栽植；及时中耕、整枝，摘除病果、病叶；合理密植，及时去脚叶使田间通风。

2.药剂防治 发病初期喷洒75%百菌清可湿性粉剂500～600倍液，或40%三乙膦酸铝可湿性粉剂200倍液，或58%甲霜灵·代森锰锌可湿性粉剂400～500倍液，或66.8%丙森锌· 缬霉威可湿性粉剂500～700倍液，或68.75%氟吡菌胺·霜霉威悬浮剂600～800倍液，或72.2%霜霉威盐酸盐水剂 600～800倍液，或60%氟吗啉·代森锰锌可湿性粉剂500～700倍液，或72%霜脲氰·代森锰锌可湿性粉剂600～800倍液，或69%烯酰吗啉·代森锰锌水分散粒剂600～800倍液，隔7～10 d喷1次，防治2～3次，同时要注意喷药保护果实。

二十二、茄子病毒病

分布与为害

茄子病毒病近年来在全国茄子种植区发生较重，以保护地最为常见。

症状特征

茄子病毒病常见有三种症状。

（1）花叶型：整株发病，叶片黄绿相间，形成斑驳花叶，老叶产生圆形或不规则形暗绿色斑纹，心叶稍显黄色（图1）。

（2）坏死斑点型：病株上位叶片出现局部侵染性紫褐色坏死斑，大小为0.5～1 mm，有时呈轮点状坏死，叶面皱缩，呈高低不平萎缩状。

（3）大型轮点型：叶片产生由黄色小点组成的轮状斑点，有时轮点也坏死，病株结果性能差，多成畸形果。

图 1　茄子病毒病病株

发生规律

茄子病毒病病原为病毒，由烟草花叶病毒、黄瓜花叶病毒、蚕豆萎蔫病毒、马铃薯X病毒等单独或复合侵染。烟草花叶病毒、黄瓜花叶病毒主要引起花叶型症状，蚕豆萎蔫病毒引起轮点状坏死，马铃薯病毒引起大型轮点。

烟草花叶病毒、马铃薯病毒主要随病残体在土壤、种子或其他宿根植物上越冬，并通过田间操作和工具的接触传病。黄瓜花叶病毒主要靠蚜虫传毒，也可以通过汁液传毒。蚕豆萎蔫病毒主要靠蚜虫和汁液摩擦传毒。高温干旱、管理粗放、田边杂草多、蚜虫发生量大发病重。

防治措施

1.农业防治 因地制宜选用抗病品种；建立无病留种田，选用不带病毒的种子；与非茄科作物实行3年以上轮作；田间作业前用肥皂洗手，减少人为传播；施用充分腐熟的有机肥，适时浇水，中耕培土，促进根系发育，增强抗病力；田间发现病株及时拔除，铲除田间以及周边杂草，收获后清洁田园。

2.物理防治 用物理方法防治蚜虫，在温室、大棚内或露地畦间悬挂或铺银灰色塑料薄膜或尼龙纱网，可有效地驱避菜蚜，必要时喷药杀蚜，减少传毒媒介。

3.化学防治 播种前进行种子消毒，可用10%的磷酸三钠溶液浸种20～30 min，而后用清水洗净后再播种。或将种子用冷水浸泡4～6 h，再用1.5%烷醇·硫酸铜乳剂1 000倍液浸泡10 min，捞出直接播种。病毒病发生时，可用20%盐酸吗啉胍·乙酸铜可湿性粉剂500倍液，或0.5%香菇多糖水剂300倍液，或5%菌毒清水剂500倍液，或2%宁南霉素水剂500倍液，或 1.5%烷醇·硫酸铜乳剂 1 000倍液喷雾，每隔10 d左右喷1次，连续2～3次。

二十三、黄瓜霜霉病

分布与为害

黄瓜霜霉病俗称“跑马干”“干叶子”，是黄瓜上发生最普遍、最严重的病害之一，我国各地、各种栽培方式均有发生。此病传播速度快，流行性强，为害较重，对黄瓜生产造成极大损失，轻者减产10%～20%，重者减产30%～50%。

症状特征

黄瓜霜霉病在苗期、成株期均可发生。主要为害叶片，子叶被害，初呈褪绿色黄斑，扩大后变黄褐色；真叶染病，叶缘或叶背面出现水浸状病斑，早晨尤为明显，病斑逐渐扩大，受叶脉限制，呈多角形淡褐色或黄褐色斑块（图1、图2），湿度大时叶背面或叶面长出灰

图1　黄瓜霜霉病前期症状

图2　黄瓜霜霉病后期症状

黑色霉层（图3），后期病斑破裂或连片，致叶缘卷缩干枯，严重的田块一片枯黄（图4）。该病症状的表现与品种抗病性有关，感病品种病斑大，易连接成大块黄斑后迅速干枯；抗病品种病斑小，褪绿斑持续时间长，在叶面形成圆形或多角形黄褐色斑，扩展速度慢，病斑背面霉层稀疏或很少。

图3　黄瓜霜霉病病叶背面霉层

图4　黄瓜霜霉病大田症状

发生规律

黄瓜霜霉病属真菌病害。有温室和塑料大棚周年种植黄瓜的地区，病菌在病叶上越冬或越夏，冬季不种黄瓜的地区，病菌从南方或邻近地区借季风远距离传播，雨水飞溅及棚内滴水也能引起近距离传病。湿度是黄瓜霜霉病发生的主导条件，空气相对湿度高于83%时才大量产生病菌，且湿度越高病菌越多，叶面有水滴或水膜，持续3 h以上病菌就可萌发和侵入。温度对病菌侵入后的扩展有着重要作用，病菌萌发适温为15～22 ℃。在多雨、多雾、多露的情况下，病害极易流行。该病主要侵害功能叶片，幼嫩叶片和老叶受害少。对于一株黄瓜，该病侵入是逐渐向上扩展的。

防治措施

1. 农业防治

（1）选用抗、耐病品种。

（2）清洁菜园：及时摘除病叶及植株底部枯、黄、老叶。前茬收获后，彻底清除残茬、残蔓及残叶，减小残留在田中的病源数量。

（3）科学肥水管理：开展配方施肥，培育壮苗、壮株，提高植株抗病能力。浇足定植水后7 d左右不浇水，缓苗至花期控制浇水次数。

2.物理防治　选择晴天上午进行高温闷棚，为防止黄瓜受害，可在闷棚前1～2 d浇1次水，并将温度计校正准确，悬挂在与生长点平行的位置，在棚内南北各挂一支温度计。闷棚开始，封闭所有通风口，使室内温度上升到40 ℃时，再缓缓上升到45 ℃，稳定维持2 h后，再由小到大缓慢放风，降温至28～30 ℃时，进入正常管理。温度低于42 ℃防病效果不良，高于47 ℃可致黄瓜生长点灼伤。闷棚后加强水肥管理，保持长势良好。

3. 化学防治

（1）苗床土消毒：选好苗床，用40%五氯硝基苯粉剂、50%福美双可湿性粉剂、58%甲霜灵・代森锰锌可湿性粉剂等量混合，每平方米用混合药8 g加细干土20 kg混匀制成药土，将药土的1/3撒入苗床，其余2/3盖在种子上，下垫上盖，全方位保护。苗期可喷施一次58%甲霜灵·代森锰锌可湿性粉剂600～800倍液，防止病原侵染。

（2）药剂拌种：70%甲基硫菌灵可湿性粉剂+50%福美双可湿性粉剂，按1∶1混合，用药量为种子重量的0.3%。

（3）黄瓜霜霉病流行性强，蔓延迅速，必须在病害发生前夕或中心病株刚出现时开始喷药。保护地棚室可选用烟雾法或粉尘法、喷雾法。①烟雾法，在发病初期每亩用45%百菌清烟剂200～250 g，分放在棚内4～5处，用香或卷烟等暗火点燃，发烟时闭棚，熏一夜，第二天早晨通风，隔7 d熏1次，可单独使用，也可与粉尘法、喷雾法交替使用。②粉尘法，于发病初期傍晚用喷粉器喷撒5%百菌清粉尘剂，每亩每次1kg，隔9～11 d喷1次。③喷雾法，在发病前喷洒25%嘧菌酯悬浮剂 1 000～1 500倍液，或75%百菌清可湿性粉剂600～800倍液。发现霜霉病中心病株后开始喷洒66.8%丙森锌· 缬霉威可湿性粉剂500～700倍液，或68.75%氟吡菌胺·霜霉威悬浮剂600～800倍液，或72.2%霜霉威盐酸盐水剂 600～800倍液，或60%氟吗啉·代森锰锌可湿性粉剂500～700倍液，或72%霜脲氰·代森锰锌可湿性粉剂600～800倍液，或69%烯酰吗啉·代森锰锌水分散粒剂600～800倍液，隔7～10 d喷1次。喷雾应均匀周到，叶片正面和背面都要喷洒，重点喷洒叶片背面。

二十四、黄瓜白粉病

分布与为害

黄瓜白粉病在全国各地均有发生，北方温室和大棚黄瓜最易发生此病，春播露地黄瓜也易发生。一般年份减产10%左右，流行年份减产20%~40%。

症状特征

黄瓜白粉病在苗期至收获期均可染病，叶片发病重，叶柄、茎次之，果实受害少。发病初期叶面或叶背及茎上产生白色近圆形星状小粉斑，以叶面居多（图1），后向四周扩展成边缘不明显的连片白粉，严重时整叶布满白粉（图2）。发病后期，白色霉斑因菌丝老熟变为灰色，病叶黄枯。有时病斑上长出成堆的黄褐色小粒点，后变黑。

图1 黄瓜白粉病病叶发病初期

图2 黄瓜白粉病病叶发病后期

发生规律

黄瓜白粉病属真菌病害。病菌随病残体留在地上或在花房里的月季花上，或在温室、塑料棚瓜类作物上越冬。病菌借气流或雨水传播落在寄主叶片上，从叶片表皮侵入，5 d后在侵染处形成白色菌丝丛状病斑，经7 d成熟，飞散传播，进行再侵染。在塑料棚、温室或田间，白粉病能否流行取决于湿度的大小和寄主的长势优劣，一般湿度大有利于流行，尤其当高温干旱与高温高湿交替出现，又有大量白粉菌源时很易流行。

防治措施

1.农业防治 选用抗耐病品种。

2.物理防治 采用27%高脂膜乳剂80～100倍液，于发病初期喷洒在叶片上，形成一层薄膜，不仅可防止病菌侵入，还可造成缺氧条件使白粉菌死亡。一般隔5～6 d喷1次，连续喷3～4次。

3. 化学防治 在发病初期喷洒2%嘧啶核苷类抗生素（农抗120）水剂200倍液，或25%乙嘧酚悬浮剂1 500～2 500倍液，或30%醚菌酯悬浮剂1 500～2 500倍液，或30%氟菌唑可湿性粉剂1 500～2 000倍液，或10%苯醚甲环唑水分散粒剂1 500～2 500倍液，或10%宁南霉素可溶性粉剂800～1 000倍液，或2%武夷菌素水剂200倍液，隔7～10 d喷1次，连续防治2～3次。

二十五、黄瓜花叶病毒病

分布与为害

黄瓜花叶病毒病是黄瓜上主要病害之一，在全国各地均有发生，以夏、秋季发病较重，病株率可高达30%以上，对产量和品质有明显影响。

症状特征

黄瓜花叶病毒病病原主要是黄瓜花叶病毒和甜瓜花叶病毒。多全株发病。苗期染病，子叶变黄枯萎，幼叶现浓绿与淡绿相间花叶状。成株染病，新叶呈黄绿相嵌状花叶，病叶小略皱缩，严重的叶反卷，病株下部叶片逐渐黄枯（图1）。瓜条染病，表现深绿与浅绿相间疣状斑块，果面凹凸不平或畸形，发病重的节间短缩，簇生小叶，不结瓜，致萎缩枯死。

图1　黄瓜花叶病毒病病叶

发生规律

黄瓜种子不带毒，主要在多年生宿根植物上越冬，由于鸭跖草、反枝苋、刺儿菜、酸浆等都是桃蚜、棉蚜等传毒蚜虫的越冬寄主，每当春季发芽后，蚜虫开始活动或迁飞，成为传播此病的主要媒介。黄瓜花叶病毒可通过蚜虫和摩擦传播，有60多种蚜虫可传播该病毒。发病适温20 ℃，气温高于25 ℃多表现隐症。

防治措施

1.农业防治　选用抗病品种；采用配方施肥技术，培育壮苗；适期定植，一般当地晚霜过后即应定植，保护地可适当提早。

2.化学防治

（1）及时防治蚜虫：每亩可用10%吡虫啉可湿性粉剂15～20 g，或3%啶虫脒乳油30～40 mL，或4.5%高效氯氰菊酯乳油30～40 mL，对水喷雾。

（2）发病初期喷洒药剂：可用2%宁南霉素水剂250～300倍液，或1.5%烷醇·硫酸铜水乳剂1 000倍液，或24%混合脂肪酸·硫酸铜水乳剂800～1 000倍液，或20%盐酸吗啉胍·乙酸铜可湿性粉剂500倍液，或0.5%葡聚烯糖可溶性粉剂4 000～5 000倍液，隔5 d喷1次，连续防治2～3次。

二十六、黄瓜根结线虫病

分布与为害

黄瓜根结线虫病在全国各地均有发生，黄瓜老种植区发生较重。重发生地块病株率达100%，造成产量损失30%～50%，严重的达50%以上，甚至绝收。

症状特征

黄瓜根结线虫病主要发生在根部的侧根或须根上，须根或侧根染病后产生瘤状大小不等的根结（图1、图2）。解剖根结，可见病部组织里有很多细小的乳白色线虫埋于其内。根结之上一般可长出细弱的

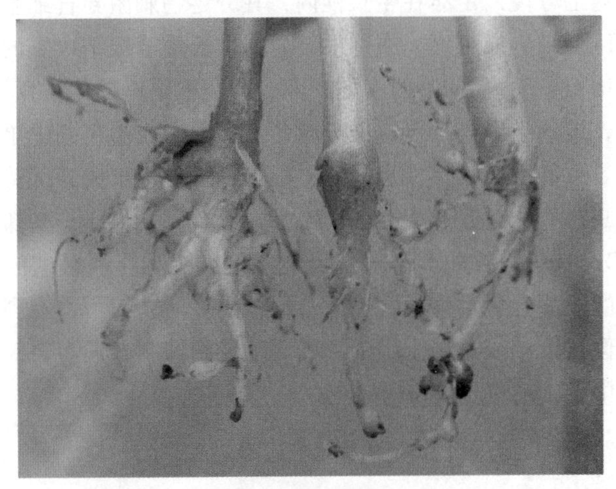

图 1　黄瓜根结线虫病病根

新根，致寄主再度染病，形成根结。地上部表现症状因发病的轻重程度不同而异，轻病株症状不明显，重病株发育不良，叶片中午萎蔫或逐渐黄枯，植株矮小，影响结实，发病严重时，全田枯死。

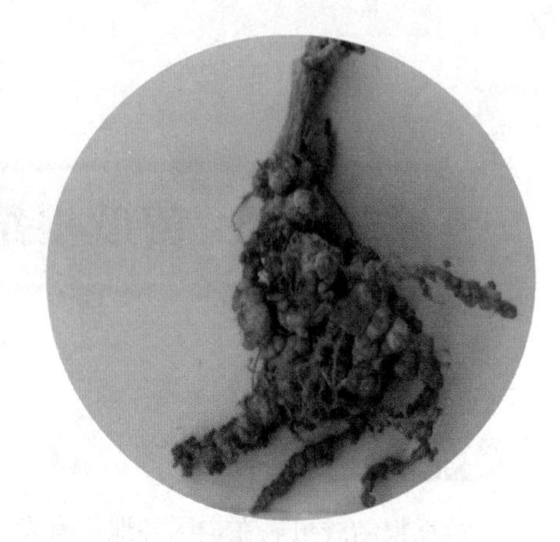

图2 黄瓜根结线虫病较重病根

发生规律

黄瓜根结线虫病病原为南方根结线虫。该虫多在土壤5 ~ 30 cm处生存，常以卵或2龄幼虫随病残体遗留在土壤中越冬，病土、病苗及灌溉水是主要传播途径。一般可存活1 ~ 3年，翌春条件适宜时，由埋藏在寄主根内的雌虫产出单细胞的卵，卵产下经几小时形成1龄幼虫，脱皮后孵出2龄幼虫，离开卵块的2龄幼虫在土壤中移动寻找根尖，由根冠上方侵入定居在生长锥内，其分泌物刺激导管细胞膨胀，使根形成巨型细胞或虫瘿，或称根结，在生长季节根结线虫的几个世代以对数增殖，发育到4龄时交尾产卵，卵在根结里孵化发育，2龄后离开卵块，进入土中进行再侵染或越冬。在温室或塑料棚中单一种植几年后，导致寄主植物抗性衰退时，根结线虫可逐步成为优势种。南方根结线虫生存最适温度25 ~ 30 ℃，高于40 ℃，低于5 ℃都很少活动，55 ℃经10 min致死。田间土壤湿度是影响孵化和繁殖的重要条件。土壤湿度适合蔬菜生长，也适合根结线虫活动，雨季有利于孵化和侵染，但在干燥或过湿土壤中，其活动受到抑制，其为害在沙土中常较黏土中重，适宜土壤pH值4 ~ 8。

防治措施

1.农业防治　在根结线虫发生严重田块，实行与石刁柏2年或5年轮作，可收到理想效果。此外，芹菜、黄瓜、番茄是高感菜类，大葱、韭菜、辣椒是抗耐病菜类，病田种植抗耐病蔬菜可减少损失，降低土壤中线虫量，减轻下茬受害。

2.物理防治　有条件地区用水淹法对地表10 cm，或更深土层淤灌几个月，可在多种蔬菜上起到防止根结线虫侵染、繁殖和增长的作用。7～8月高温闷棚进行土壤消毒，可杀死土壤中根结线虫和土传病害。

3.化学防治　在播种或定植时，每平方米施用1.8%阿维菌素乳油1 mL，稀释2 000～3 000倍液，喷在地面上，立即翻入土中。也可每亩用10%噻唑磷颗粒剂1.5～2 kg撒施，或每亩用5%丁硫克百威颗粒剂5～7 kg沟施，或每亩用2.5亿个孢子／g厚孢轮枝菌微粒剂1.5～2.5 kg沟施，或每亩用5亿活孢子/g淡紫拟青霉颗粒剂3～5 kg处理土壤。

二十七、黄瓜灰霉病

分布与为害

黄瓜灰霉病是保护地生产中的重要病害，发生普遍，近年来有逐年加重的趋势。

症状特征

黄瓜灰霉病主要为害幼瓜、叶、茎。病菌多从开败的雌花侵入，致花瓣腐烂，并长出淡灰褐色的霉层，进而向幼瓜扩展，致脐部呈水渍状，幼花迅速变软、萎缩、腐烂，表面密生霉层（图1、图2）。较大的瓜被害时组织先变黄并生灰霉，后霉层变为淡灰色，被害瓜受害

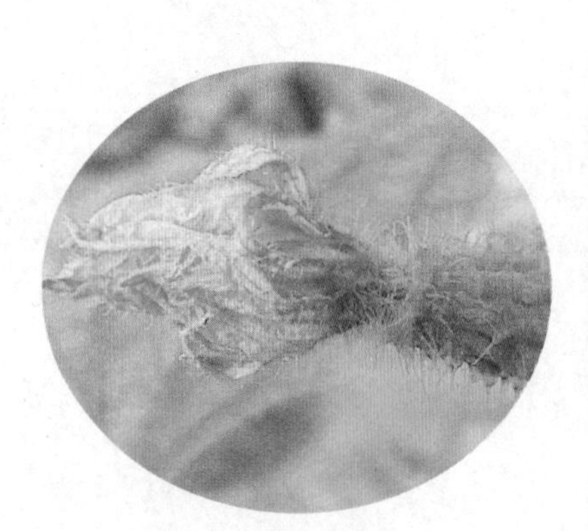

图 1　黄瓜灰霉病病花

图 2　黄瓜灰霉病病瓜

部位停止生长、腐烂或脱落。叶片一般由脱落的烂花或病卷须附着在叶面引起发病，形成直径20～50 mm的大型病斑，病斑近圆形或不规则形，边缘明显，表面着生少量灰霉（图3）。烂瓜或烂花附着在茎上时，能引起茎部的腐烂，严重时下部的节腐烂致蔓折断，植株枯死。

图3　黄瓜灰霉病病花及病叶

发生规律

黄瓜灰霉病属真菌病害。病菌附着在病残体上，或遗留在土壤中越冬。病菌随气流、雨水及农事操作进行传播蔓延，黄瓜结瓜期是该病侵染和烂瓜的高峰期。病菌发育适温为18～23 ℃，最高30～32 ℃，最低4 ℃，适宜湿度为持续90%以上的高湿条件。春季连阴天多，气温不高，棚内湿度大，结露持续时间长，放风不及时，发病重。棚温高于31 ℃，孢子萌发速度趋缓，产孢量下降，病情不扩展。

防治措施

1.农业防治　棚室搞好生态防治，推广高畦覆地膜或滴灌栽培法，生长前期及发病后，适当控制浇水，适时晚放风，提高棚温至33 ℃则不产生孢子，降低湿度，减少棚顶及叶面结露和叶缘吐水；苗期、果实膨大期前一周及时摘除病叶、病花、病果及黄叶，保持棚室干净，通风透光。

2.化学防治　棚室发病初期采用烟雾法或粉尘法防治。烟雾法，用10%腐霉利烟剂每亩每次200～250 g，或45%百菌清烟剂每亩每次250 g，熏3～4 h；粉尘法，于傍晚喷撒5%百菌清粉尘剂，每亩每次1 kg。

保护地栽培和露地栽培可用喷雾法防治。在发病初期，可用50%腐霉利可湿性粉剂 1 500～2 000倍液，或50%啶酰菌胺水分散粒剂1 000～1 500倍液，或40%嘧霉胺悬浮剂1 000～1 500倍液，或50%嘧菌环胺水分散粒剂800～1 000倍液，或50%异菌脲悬浮剂1 000～1 500倍液喷雾，每隔7～10 d防治1次，连续3～4次。

二十八、黄瓜细菌性角斑病

分布与为害

黄瓜细菌性角斑病是以长江以北的华东、华北和东北地区发生较普遍，是南方雨季、北方保护地早春栽培黄瓜的常见病害。在老菜区可减产10%～30%，严重的减产50%以上，甚至绝收。

症状特征

黄瓜细菌性角斑病主要为害叶片、叶柄、卷须和果实，有时也侵染茎。苗期至成株期均可受害。子叶染病，初呈水浸状近圆形凹陷斑，后微带黄褐色；真叶染病，初为鲜绿色水浸状斑，渐变淡褐色，病斑受叶脉限制呈多角形，灰褐色或黄褐色（图1），湿度大时叶背溢有乳白色混浊水珠状菌脓，干后具白痕，病部质脆易穿孔，区别

图1　黄瓜细菌性角斑病病叶

于霜霉病（图2）。茎、叶柄、卷须染病，侵染点出现水浸状小点，沿茎沟纵向扩展，呈短条状，湿度大时也见菌脓，严重的纵向开裂呈水浸状腐烂，变褐干枯，表层残留白痕。瓜条染病，出现水浸状小斑点，扩展后不规则或连片，病部溢出大量污白色菌脓，受害瓜条常伴有软腐病菌侵染，呈黄褐色水渍腐烂。

图2　黄瓜细菌性角斑病病叶叶背

发生规律

黄瓜细菌性角斑病属细菌病害。病原菌在种子内、外或随病残体在土壤中越冬，成为翌年初侵染源。病种子带菌率为2%～3%，病菌由叶片或瓜条伤口、自然孔口侵入，进入胚乳组织或胚幼根的外皮层，造成种子内带菌。此外，采种时病瓜接触污染的种子致种子外带菌。棚室保护地黄瓜病部溢出的菌脓，借棚顶大量水珠下落，或结露及叶缘吐水滴落、飞溅传播蔓延，进行多次重复侵染。露地黄瓜蹲苗结束后，随雨季到来和田间浇水开始，始见发病，病菌靠气流或雨水逐渐扩展开来，一直延续到结瓜盛期，后随气温下降，病情缓和。发病温限在10～30 ℃，适温24～28 ℃，适宜相对湿度70%以上。塑料棚低温高湿利于发病。昼夜温差大，结露重且持续时间长，发病重。

防治措施

1.农业防治 选用耐病品种；从无病瓜上选留种，无病土育苗，并与非瓜类作物实行2年以上轮作；生长期及收获后清除病叶，及时深埋。

2.化学防治 瓜种处理，可用70 ℃恒温干热灭菌72 h，或50 ℃温水浸种20 min，捞出晾干后催芽播种；还可用次氯酸钙300倍液浸种30 ~ 60 min，或40%甲醛150倍液浸种1.5 h，或100万IU硫酸链霉素500倍液浸种2 h，冲洗干净后催芽播种。于发病初期或蔓延开始期喷洒14%络氨铜水剂300倍液，或50%甲霜铜可湿性粉剂600倍液，或50%琥胶肥酸铜可湿性粉剂500倍液，或77%氢氧化铜可湿性粉剂400倍液，或20%噻菌铜悬浮剂500 ~ 600倍液，连防3 ~ 4次。保护地黄瓜喷撒5%百菌清粉尘剂，每亩每次用1 kg。

二十九、黄瓜靶斑病

分布与为害

黄瓜靶斑病又称黄点子病，是一种世界性病害，全国各地均有发生，温室、露地都有发生，且有不断加重趋势。

症状特征

黄瓜靶斑病主要为害叶片，叶片染病多在盛瓜期，中下部叶片先发病，再向上部叶片发展。发病初期病斑为黄色水浸状斑点，后病斑不断扩大，但病斑的扩展受叶脉限制，至发病中期扩大为不规则形或略呈圆形，病斑边缘灰褐色至深灰色，中部灰白色至灰褐色，中央有一明显的眼状靶心（图1、图2）。病斑直径6～12 mm，叶片正面病斑粗糙不平，发病中期病斑极易穿孔，湿度大时病斑上可生稀疏灰黑色霉状物，发病严重时多个病斑常融合成大斑致叶片枯死。

图1　黄瓜靶斑病病叶病斑

图2　黄瓜靶斑病病叶

发生规律

黄瓜靶斑病是真菌性病害，病菌可随种子远距离传播。病菌在土中或病残体上越冬，可存活6个月。翌年借气流或雨水飞溅传播，进行初次侵染，病菌侵入后潜育期一般6～7 d。在生长季节，发病后可多次发生再侵染，使病害逐渐蔓延。温暖、高湿有利于发病。发病温度为20～30 ℃，相对湿度90%以上。温度在25～27 ℃和湿度饱和时，病害发生较重。黄瓜生长中后期温暖高湿，或阴雨天较多，或长时间闷棚，结露时间长，光照不足，昼夜温差大，植株衰弱，偏施氮肥，缺硼肥等均有利于发病。保护地有两个发病盛期，温室4～5月发病，秋延后保护地黄瓜7～8月发病。

防治措施

1.农业防治　发病田应与非瓜类作物进行2年以上轮作；合理施肥，施足底肥，适时追肥；发病初期及时清除病叶、病株，并带出田外烧毁；控制空气湿度，避免大水漫灌，注意通风排湿，增加光照，减少结露机会；合理控制夜温，将夜温控制在15～18 ℃达3 h，其余时间控制在10～14 ℃。

2.物理防治　可采用温汤浸种，用常温水浸种15 min后，转入55～60 ℃热水中浸种10～15 min，并不断搅拌，然后让水温降至30 ℃，继续浸种3～4 h，捞起沥干后置于25～28 ℃处催芽，可有效消除种内病菌。用温汤浸种最好结合药液浸种，杀菌效果更好。

3.化学防治　发病前期，采用50%嘧菌酯水分散粒剂2 000～3 000倍液，或77%氢氧化铜可湿性粉剂800～1 000倍液，或70%代森联水分散粒剂500～700倍液，或65%代森锌可湿性粉剂500倍液，或33.5%喹啉铜悬浮剂800～1 000倍液，对水喷雾防治，间隔7～10 d喷1次，连续防治2～3次。发病初期，可采用50%异菌脲可湿性粉剂800～1 000倍液，或25%吡唑醚菌酯乳油1 500～3 000倍液，或50%醚菌酯水分散粒剂3 000～4 000倍液，或60%吡唑醚菌酯·代森联水分散粒剂1 000～1 500倍液，或50%咪鲜胺锰盐可湿性粉剂1 000～1 500倍液，或47%代森锌·甲霜灵可湿性粉剂400～500倍液，对水喷雾防治，间隔7 d喷1次，连续防治2～3次。

保护地棚室，可选用45%百菌清烟剂熏烟每亩每次250 g，或施用5%百菌清粉尘剂每亩每次1 kg，隔7～9 d喷1次，连续防治2～3次。

三十、黄瓜炭疽病

分布与为害

黄瓜炭疽病是黄瓜重要病害之一，我国各地均有发生。该病在南方普遍发生，北方近年来随着保护地面积的扩大，为害有加重趋势，在春、秋两季均有发生，影响黄瓜的品质和产量。

症状特征

黄瓜炭疽病在苗期到成株期均可发病，幼苗发病，多在子叶边缘出现半椭圆形淡褐色病斑，上生橙黄色点状胶质物。重者幼苗近地面茎基部变黄褐色，逐渐细缩，致幼苗折倒。真叶被害，叶片上病斑近圆形，直径4～18 mm，棚室湿度大时，病斑呈淡灰色至红褐色，略呈湿润状，严重的病斑连片致叶片干枯。主蔓及叶柄上病斑椭圆形或长圆形，黄褐色，稍凹陷（图1、图2），严重时病斑连接，包围主蔓，致植株一部分或全部枯死。瓜条染病，病斑近圆形，初呈淡绿色，后为黄褐色或暗褐色，病部稍凹陷，表面有粉红色黏稠物，后期常开裂。叶柄或瓜条上有时出现琥珀色流胶。

图1 黄瓜炭疽病病叶

图2 黄瓜炭疽病病叶病斑

发生规律

黄瓜炭疽病属真菌病害。病菌主要附着在种子上或随病残体在土壤中越冬，亦可在温室或塑料大棚的骨架上存活。越冬后的病菌通过雨水、灌溉、气流传播，也可以由田间农事操作时传播。温度在10～30 ℃均可发病，24 ℃左右时发病重。湿度是诱发该病的重要因素，在适宜温度范围内，空气湿度大，易发病；相对湿度87%～98%，温度24 ℃潜育期3 d；相对湿度低于54%则不能发病。早春塑料棚温度低，湿度高，叶面结有大量水珠或黄瓜吐水，或叶面结露，病害易流行。氮肥过多，大水漫灌，通风不良，植株衰弱发病重。

防治措施

1.农业防治　选用抗病品种；实行3年以上轮作，对苗床应选用无病土或进行苗床土壤消毒，减少初侵染源；采用地膜覆盖可减少病菌传播机会，减轻为害；增施磷钾肥提高植株抗病力；加强棚室温、湿度管理，进行通风排湿使棚内湿度保持在70%以下，减少叶面结露和吐水。田间操作、防治病虫、绑蔓、采收均应在露水落干后进行，减少人为传播蔓延。

2.化学防治　塑料棚或温室采用烟雾法，选用45%百菌清烟剂，每亩每次250 g，隔9～11 d熏1次；也可于傍晚喷撒5%百菌清粉尘剂，每亩每次1 kg。棚室或露地发病初期喷洒50%甲基硫菌灵可湿性粉剂700倍液加75%百菌清可湿性粉剂700倍液，或80%炭疽福美可湿性粉剂800倍液，或80%多菌灵可湿性粉剂600倍液，或50%咪鲜胺锰盐可湿性粉剂1 000倍液，或25%咪鲜胺乳油500～1 000倍液，隔7～10 d喷1次，连续防治2～3次。

三十一、黄瓜斑点病

分布与为害

黄瓜斑点病是黄瓜叶部病害之一，多发生在植株生长中后期中下部叶片。发病田会延迟黄瓜成熟时间，影响其经济价值。

症状特征

黄瓜斑点病主要为害叶片，病斑初现水渍状斑，后变淡褐色，中部色较淡，渐干枯，周围具水渍状淡绿色晕环，病斑大小15 ~ 20 mm（图1），后期病斑中部呈薄纸状，淡黄色或灰白色，易破碎（图2），病斑上有少数不明显的小黑点。

图 1　黄瓜斑点病病叶前期症状

图 2　黄瓜斑点病病叶后期症状

发生规律

黄瓜斑点病属真菌病害。病菌随病残体遗落土中越冬，翌年进行初侵染和再侵染，靠雨水溅射传播蔓延。通常温暖多湿的天气有利于发病。

防治措施

1.农业防治 与非茄果类、瓜类蔬菜轮作2年以上；移栽前收获后，及时清除田间及四周杂草，集中烧毁；深翻土地，促使病残体分解，减少病源。

2.化学防治 发病初期开始喷洒70%甲基硫菌灵可湿性粉剂1 000倍液加75%百菌清可湿性粉剂1 000倍液，或50%异菌脲悬浮剂1 000～1 500倍液，或40%氟硅唑乳油6 000倍液，隔7～10 d喷1次，连续防治2～3次。

三十二、黄瓜镰刀菌枯萎病

分布与为害

黄瓜镰刀菌枯萎病在全国各地都有发生，特别是保护地黄瓜，由于连年连作，土壤中菌量逐年积累增多，发病日趋严重。

症状特征

幼苗染病，子叶先变黄、萎蔫或全株枯萎，茎基部或茎部变褐缢缩或呈立枯状。开花结果后陆续发病，被害株最初表现为部分叶片或植株的一侧叶片中午萎蔫下垂，似缺水状，但萎蔫叶早晚恢复，后萎蔫叶片不断增多，逐渐遍及全株，致整株枯死（图1、图2）。主蔓基部纵裂，纵切病茎可见维管束变褐。湿度大时，病部表面现白色或粉红色霉状物，有时病部溢出少许琥珀色胶质物。

图 1　黄瓜镰刀菌枯萎病大田症状

图 2　黄瓜镰刀菌枯萎病整株枯死

发生规律

黄瓜镰刀菌枯萎病属真菌病害。病菌在土壤和未腐熟的有机肥中越冬，成为翌年初侵染源。病菌从根部伤口或根毛顶端细胞间侵入，后进入维管束在导管内发育堵塞导管，引起寄主中毒，使瓜叶迅速萎蔫。地上部的重复侵染主要通过整枝或绑蔓引起的伤口。空气相对湿度90%以上易感病。病菌发育和侵染适温为24～25 ℃，最高34 ℃，最低4 ℃。秧苗老化、连作、有机肥不腐熟、土壤过分干旱或质地黏重的酸性土是引起该病发生的主要条件。

防治措施

1.农业防治 选用抗病品种和无病新土育苗；选择5年以上未种过瓜类蔬菜的土地，与其他蔬菜实行轮作；嫁接防病；施用充分腐熟的肥料，避免大水漫灌，适当多中耕，增强抗病力。

2.化学防治

（1）种子消毒：用有效成分0.1%的60%多菌灵盐酸盐超微粉浸种60 min，捞出后冲洗催芽。也可把干燥黄瓜种子置于70 ℃恒温处理72 h，但要注意品种间耐温性能及种子含水量，确保发芽率。

（2）苗床消毒：每平方米苗床用50%多菌灵可湿性粉剂8 g处理畦面。

（3）土壤消毒：用50%多菌灵可湿性粉剂每亩4 kg，混入细干土，拌匀后施于定植穴内。

（4）药剂灌根：掌握在发病前或发病初期，用50%多菌灵可湿性粉剂500倍液，或50%甲基硫菌灵可湿性粉剂400倍液，或50%苯菌灵可湿性粉剂1 500倍液，或60%琥胶肥酸铜 · 乙膦铝可湿性粉剂350倍液，或20%甲基立枯磷乳油1 000倍液，或10%混合氨基酸铜水剂200～300倍液灌根，每株灌配好的药液0.3～0.5 L，隔10 d后再灌1次，连续防治2～3次。

三十三、西葫芦白粉病

分布与为害

西葫芦白粉病分布广泛，各地均有发生。以春秋雨季发生最普遍，发病率为30%～40%，对产量影响明显，一般减产10%左右，严重时可减产50%以上。

症状特征

西葫芦白粉病在苗期、成株期均可发生，植株生长后期受害重，主要为害叶片、叶柄或茎，果实受害少。初在叶片或嫩茎上出现白色小霉点，后扩大，条件适宜，霉斑迅速扩大，且彼此连片，白粉状物布满整个叶片，致叶片黄枯或卷缩，但不脱落（图1），发病后期白色霉斑变成灰色，其上长出黑色粒点。

图1　西葫芦白粉病病叶

发生规律

西葫芦白粉病为真菌病害。病菌以闭囊壳随病残体遗留在土表越冬，翌春再进行初侵染。在棚室，病菌主要在寄主上越冬。主要通过气流传播蔓延，与寄主接触后，从表皮直接侵入。田间湿度大，气温16～24 ℃，高温干旱与高湿交替出现时，有利于发病。

防治措施

防治措施同豇豆白粉病。

三十四、西葫芦病毒病

分布与为害

西葫芦病毒病又称花叶病，在全国各地均有发生。

症状特征

西葫芦病毒病呈系统花叶或系统斑驳。叶上发病后出现深绿色疱斑，重病株上部叶片畸形呈鸡爪状，植株矮化，叶片变小，致后期叶片黄枯或死亡（图1、图2）。病株结瓜少或不结瓜，瓜面具瘤状突起或畸形（图3）。

图1　西葫芦病毒病病叶（1）

图2　西葫芦病毒病病叶（2）

图3　西葫芦病毒病病果

发生规律

病毒可在宿根性杂草、菠菜、芹菜等寄主上越冬，通过蚜虫和汁液摩擦传毒侵染，还可通过带毒种子传播。一般高温干旱、日照强或缺水、缺肥、管理粗放的田块发病重。

防治措施

防治措施同茄子病毒病。

三十五、西葫芦灰霉病

分布与为害

西葫芦灰霉病在北方保护地内和南方露地普遍发生，尤其保护地发生较重，严重时病株率可达30%～40%。

症状特征

西葫芦灰霉病主要为害西葫芦的花、幼果、叶、茎或较大的果实。花和幼果的蒂部受害，初为水浸状，逐渐软化，表面密生灰绿色霉（图1、图2），致果实萎缩、腐烂，有时长出黑色菌核。茎部受害，呈

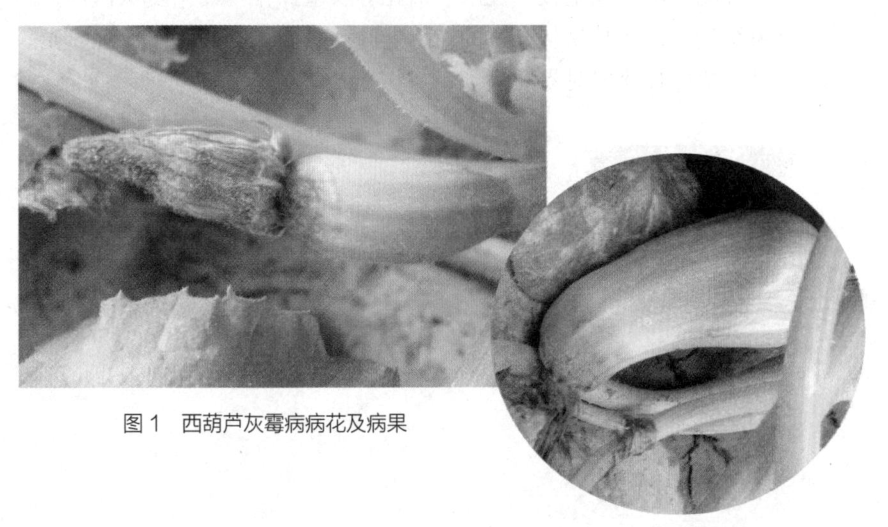

图 1　西葫芦灰霉病病花及病果

图 2　西葫芦灰霉病病果

水浸状，软化，湿度大时表面生灰绿色霉（图3）。

图3　西葫芦灰霉病叶柄

发生规律

西葫芦灰霉病为真菌病害。病菌主要以菌核或菌丝体在土壤中越冬，分生孢子可在病残体上存活4～5个月，成为初侵染源。分生孢子借气流、雨水或整枝、浇水、沾花等农事操作传播。多从伤口、薄壁组织侵入，尤其易从开败的花、老叶叶缘侵入。高湿、低温、光照不足、植株长势弱时易发病。

防治措施

防治措施同黄瓜灰霉病。

三十六、西瓜病毒病

分布与为害

西瓜病毒病俗称小叶病、花叶病，分布广泛，发生普遍，保护地、露地都有，干旱年份发病较重，以夏秋露地种植受害严重，夏季是西瓜病毒病的高发季节。西瓜受害后，严重的不能坐果，或坐果后发育不良，产量低，品质差，失去商品价值。

症状特征

西瓜病毒病在田间主要表现为花叶型和蕨叶型两种症状。花叶型：初期顶部叶片出现黄绿镶嵌花纹，以后变为皱缩畸形，叶片变小，叶面凹凸不平（图1、图2），新生茎蔓节间缩短，纤细扭曲，坐果少或

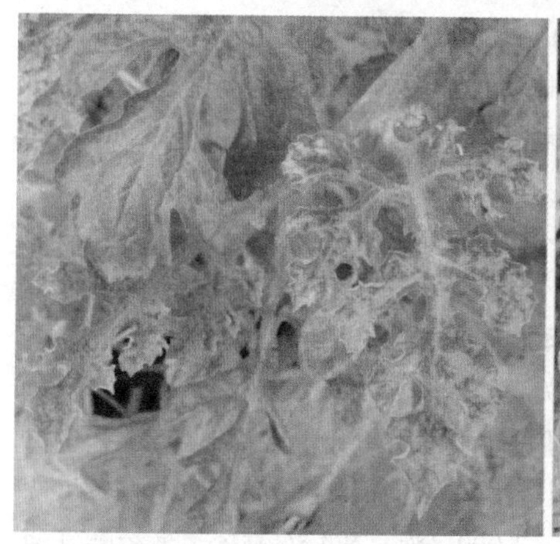

图 1　西瓜病毒病花叶型病叶

图 2　西瓜病毒病花叶型叶片皱缩

不坐果。蕨叶型：新生叶片变得狭长，皱缩扭曲，生长缓慢，植株矮化，有时顶部表现簇生不长，花发育不良，严重的不能坐果。发病较晚的病株，果实发育不良，形成畸形瓜，也有的果面凹凸不平，果小（图3），瓜瓤暗褐色，对产量和质量影响很大。

图3 西瓜病毒病病叶及病果

发生规律

西瓜上发生的主要病毒病类型有：西瓜花叶病毒2号、甜瓜花叶病毒、黄瓜花叶病毒、黄瓜绿斑花叶病毒等。病毒主要通过种子带毒、蚜虫传毒、汁液摩擦传毒。农事操作，如整枝、压蔓、授粉等都可引起接触传毒，也是田间传播、流行的主要途径。高温、干旱、日照强的气候条件，有利于蚜虫的繁殖和迁飞，传毒机会增加，则发病重。肥水不足、管理粗放、植株生长势衰弱或邻近瓜类菜地，也易感病。蚜虫发生数量大的年份发病重。

防治措施

1.农业防治 西瓜田周围400 m最好不种瓜类作物；集中育苗。

2.物理防治 在田间铺银灰膜避蚜。

3.化学防治 种子处理，播种时干籽用70 ℃温水浸泡10 min，也可用10%磷酸三钠浸种20 min，用清水洗净后播种。田间及时治蚜，可选用10%吡虫啉可湿性粉剂2 500～3 000倍液，或4.5%高效氯氰菊酯乳油

1 500～2 000倍液，或5%啶虫脒乳油3 000～4 000倍液。发病初期开始喷洒20%盐酸吗啉胍·乙酸铜可湿性粉剂500倍液，或用0.5%香菇多糖水剂200～300倍液，或用1.5%烷醇·硫酸铜乳剂1 000倍液，或用10%混合脂肪酸水剂或水乳剂100倍液，隔10 d左右喷1次，连续防治2～3次。

三十七、西瓜蔓枯病

分布与为害

西瓜蔓枯病是常见的西瓜病害，全国各地均有发生。该病因引起蔓枯而得名，为害西瓜后，造成病株提早死亡而减产。

症状特征

西瓜蔓枯病主要侵染茎蔓，也侵染叶片和果实。叶片染病，出现圆形或不规则形黑褐色病斑，病斑上生小黑点，湿度大时，病斑迅速扩及全叶，致叶片变黑而枯死（图1～图3）。瓜蔓染病，初为水浸

图2　西瓜蔓枯病真叶上病斑

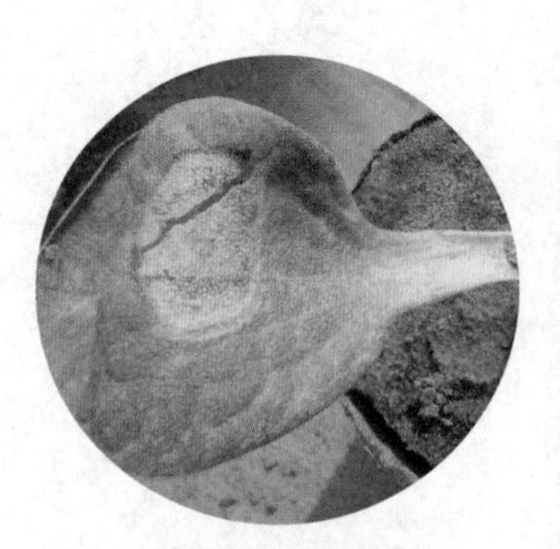

图1　西瓜蔓枯病子叶上病斑

图3　西瓜蔓枯病病叶及叶柄

状小斑，后变成褐色梭形至不规则形病斑，斑上密生小黑点，发病严重的，病斑环绕茎及分杈处（图4）。果实染病，初生水渍状病斑，后中央变为褐色枯死斑，呈星状开裂，内部呈木栓状干腐，稍发黑后腐烂。

图4　西瓜蔓枯病病茎

发生规律

西瓜蔓枯病为真菌病害。病菌附着于病残体混入土中，或附在种子、架杆、温室、大棚棚架上越冬。翌年通过风雨及灌溉水传播，从气孔、水孔或伤口侵入。种子带菌引起子叶染病。平均气温18～25 ℃，相对湿度高于85%，土壤水分高时易发病。此外，连作地，平畦栽培，或排水不良，密度过大，肥料不足，寄主生长衰弱等发病重。

防治措施

1.农业防治　与非瓜类作物实行2～3年轮作；从无病株上选留种子；采用配方施肥技术，施足充分腐熟有机肥。

2.化学防治　发病初期喷洒75%百菌清可湿性粉剂600倍液，或36%甲基硫菌灵悬浮剂400～500倍液，或60%吡唑醚菌酯·代森联水分散粒剂600～1 000倍液，或56%嘧菌酯·百菌清悬浮剂500～800倍液，或32.5%苯醚甲环唑·嘧菌酯悬浮剂1 500～2 000倍液，或50%混杀硫悬浮剂500～600倍液，重点在发病初期全田用药，隔3～4 d再防治1次。

三十八、西瓜炭疽病

分布与为害

西瓜炭疽病是西瓜生产上重要病害之一，对西瓜的为害仅次于枯萎病，是一种世界性病害，在西瓜的各个生育期均可发生，以中、后期发病较重。在保护地和露地栽培中发病都比较严重，尤其是高温多雨的南方更为严重。西瓜炭疽病发生可造成严重减产，甚至绝收。该病在全国普遍发生，且日趋严重。

症状特征

西瓜炭疽病在苗期至成株期均可发生，叶片和瓜蔓受害重。苗期子叶边缘出现圆形或半圆形褐色或黑褐色病斑，外围常具一黄褐色晕圈，其上长有黑色小粒点或淡红色黏状物。近地表的茎基部变成黑褐色，且收缩变细致幼苗猝倒。叶柄或瓜蔓染病，初为水浸状淡黄色圆形斑点，稍凹陷，后变黑色，病斑环绕茎蔓一周后全株枯死。真叶染病，初为圆形至纺锤形或不规则形水浸状斑点，有时出现轮纹，干燥时病斑易破碎穿孔，潮湿时，叶面生出粉红色黏稠物（图1、图2）。未成熟西瓜染病，呈水渍状淡绿色圆形病斑，致幼瓜畸形或脱落。成熟果实染病，病斑多发生在暗绿色条纹上，在具条纹果实的淡色部位不发生或轻微发生，初呈水浸状凹陷形褐色病斑，凹陷处常龟裂，湿度大时病斑中部产生粉红色黏质物，严重的病斑连片腐烂。

图1　西瓜炭疽病病叶（1）

图2　西瓜炭疽病病叶（2）

发生规律

西瓜炭疽病为真菌病害。病菌在土壤中的病残体上越冬。翌年，遇到适宜条件病菌在植株或果实上发病。种子带菌可存活2年，播种带菌种子，出苗后子叶受侵染。西瓜染病后，病部病菌借风雨及灌溉水传播，进行重复侵染。10～30 ℃均可发病，气温20～24 ℃，相对湿度90%～95%时适宜发病；气温高于28 ℃，湿度低于54%时，发病轻或不发病。地势低洼、排水不良，或氮肥过多、通风不良、重茬地发病重。重病田西瓜或雨后收获的西瓜在贮运过程中也发病。

防治措施

1.农业防治　选用抗病品种；与非瓜类作物实行3年以上轮作；加强管理，采用配方施肥，施用充分腐熟的有机肥，选择沙质土，注意平整土地，防止积水，雨后及时排水，合理密植，及时清除田间杂草。

2.化学防治

（1）种子消毒：55 ℃温水浸种15 min后冷却，或用40%甲醛150倍液浸种30 min后用清水冲洗干净，再放入冷水中浸5 h（西瓜品种间对甲醛敏感程度各异，应先试验，避免产生药害），或用72%农用硫酸链霉素可溶性粉剂150倍液，浸种15 min。

（2）保护地栽培，可采用烟雾法或粉尘法，具体应用参见黄瓜炭疽病。

（3）保护地和露地在发病初期喷洒50%甲基硫菌灵可湿性粉剂800倍液加75%百菌清可湿性粉剂800倍液，或50%多菌灵可湿性粉剂800倍液加75%百菌清可湿性粉剂800倍液混合喷洒。此外，还可选用36%甲基硫菌灵悬浮剂500倍液，或80%炭疽福美可湿性粉剂800倍液，或2%抗霉菌素水剂200倍液，或2%武夷菌素水剂150倍液，或25%吡唑醚菌酯乳油2 000 ~ 3 000倍液，或68.75%噁唑菌酮·代森锰锌水分散粒剂1 000 ~ 1 500倍液喷雾，隔7 ~ 10 d喷1次，连续防治2 ~ 3次。

三十九、西瓜枯萎病

分布与为害

西瓜枯萎病又称蔓割病、萎凋病、萎蔫病等，是一种世界性的毁灭性的土传病害，在我国各地均有发生，尤以老种植区发生较重，可造成西瓜产量下降30%，有些地块减产50%以上，甚至绝产。

症状特征

西瓜枯萎病发病初期叶片从后向前逐渐萎蔫，似缺水状，中午尤为明显，但早晚可恢复，3～6 d后，整株叶片枯萎下垂，不能复原(图1)。发病植株茎蔓基部缢缩，有的病部出现褐色病斑或琥珀色胶状物，病根变褐腐烂，茎基部纵裂，病茎纵切面上维管束变褐（图2）。湿度大时病部表面生出粉红色霉。

图2　西瓜枯萎病变色维管束

图1　西瓜枯萎病枯死病株

发生规律

西瓜枯萎病为真菌病害。病菌主要在未腐熟的有机肥或土壤中越冬，成为翌年主要侵染源，该菌在土壤中可存活6年。采种时病菌可粘于种子上，致商品种子带菌率高，播种带菌种子，发芽后病菌即侵入幼苗，成为次要侵染源。西瓜根的分泌物刺激病菌萌发，从根毛顶端或根部伤口侵入，进入维管束，在导管内发育，分泌毒素阻塞导管，干扰新陈代谢，致西瓜萎蔫、中毒枯死。该病系土传病害，发病程度取决于当年侵染的菌量，生产上遇有日照少，连阴雨天多，降水量大及土壤黏重，地势低洼，排水不良，管理粗放的连作地，西瓜根系发育欠佳发病重；此外，氮肥过量，磷钾肥不足，施用未充分腐熟的带菌的有机肥，或土壤中含钙量高，地下害虫为害重，均易诱发该病。该病盛发于坐果期，病势扩展迅速，有的几天或十几天即蔓延全田。

防治措施

1.农业防治　选用抗病品种；实行7年以上轮作，提倡西瓜与玉米轮作，也可实行水旱轮作；控制氮肥施用量，增施磷钾肥及微量元素。

2.化学防治

（1）种子处理：用40%甲醛配成150倍液，浸种1 ~ 2 h后捞出，冲洗晾干；或用50 ~ 60 ℃温水对成50%多菌灵可湿性粉剂1 000倍液浸种30 ~ 40 min，或用2.5%咯菌腈悬浮种衣剂1 ~ 1.5 g拌10 kg种子。

（2）苗床及土壤处理：用50%多菌灵可湿性粉剂1 kg加200 kg苗床营养土拌匀后撒入苗床或定植穴中，也可用50%多菌灵可湿性粉剂1 kg加40%福美双 · 拌种灵粉剂1 kg加入25 ~ 30 kg细土或粉碎的饼肥中，于播种前撒于定植穴0.33 m^2内，与土混合后，隔2 ~ 3 d播种。

（3）发病初期灌根：发现零星病株时，用10%混合氨基酸络铜水剂200倍液，或4%嘧啶核苷类抗生素水剂（农抗120）600 ~ 800倍液，或40%福美双 · 拌种灵粉剂400倍液灌根，每株灌配好的药液

0.4 ~ 0.5 L。

（4）田间药剂防治：于坐果初期开始喷洒10%混合氨基酸络铜水剂200倍液，或50%苯菌灵可湿性粉剂800 ~ 1 000倍液，或40%硫黄·多菌灵悬浮剂500 ~ 600倍液，或20%甲基立枯磷乳油900 ~ 1 000倍液，或36%甲基硫菌灵悬浮剂400 ~ 500倍液，隔10 d喷1次，连续防治2 ~ 3次。

四十、西瓜猝倒病

分布与为害

西瓜猝倒病是西瓜苗期主要病害之一，对培育西瓜壮苗及产量的提高有着重要的影响，发病田一般减产10%～20%，重者达50%。全国各地均有发生。

症状特征

西瓜猝倒病发病初期在幼苗近地面处的茎基部或根茎部出现黄色水浸状病斑，以后病部变黄褐色并迅速绕茎一周，使幼茎干枯缢缩成线状，致幼苗猝倒，一拔即断。该病在育苗时或直播地块发展很快，一经染病，叶片尚未凋萎，幼苗即猝倒死亡（图1）。湿度大时，在病部或其周围土壤的表面生出一层白色棉絮状白霉。

图1 西瓜猝倒病病苗

发生规律

西瓜猝倒病为真菌病害。病菌在12～18 cm表土层越冬，并在土中长期存活。翌春，遇有适宜条件萌发侵入寄主。病菌侵入后，在植株内扩展，并在其内越冬。病菌生长适宜地温为15～16 ℃，温度高于30 ℃受到抑制；适宜发病地温为10 ℃，低温对寄主生长不利，但病菌尚能存活，尤其是育苗期出现低温、高湿条件利于发病。该病主要在幼苗长出1～2片真叶期发生，3片真叶后发病较少。

防治措施

1.农业防治 育苗时选用无病土，不用带菌的旧床土、菜园土；加强苗床管理，避免出现低温、高湿条件。

2.化学防治

（1）苗床处理：每平方米施用25%甲霜灵可湿性粉剂3～5 g加50%福美双可湿性粉剂9 g，或每平方米用50%福美双·拌种灵可湿性粉剂7 g，加细土4～5 kg拌匀，取1/3充分拌匀的药土撒在畦面上，播种后再把其余2/3药土覆盖在种子上面，即上覆盖下垫。也可用20%甲基立枯磷乳油1 000倍液喷淋苗床。营养钵或穴盘育苗等可在每立方米营养土中加入95%噁霉灵原药50 g，或70%敌磺钠可溶性粉剂100 g，或50%福美双可湿性粉剂150 g，与营养土充分拌匀后装入营养钵或育苗盘。

（2）种子处理：可用40%福美双·拌种灵可湿性粉剂按种子重量的0.2%～0.3%拌种。

（3）田间发病时，可用68.75%霜霉威盐酸盐·氟吡菌胺悬浮剂800～1 200倍液，或69%烯酰吗啉·代森锰锌可湿性粉剂1 000～1 500倍液喷雾，视病情间隔5～7 d喷1次。

四十一、西瓜疫病

分布与为害

西瓜疫病俗称“死秧”，全国各地均有发生，南方发病重于北方。在西瓜生长期多雨年份，发病尤其重。除为害西瓜外，还为害甜瓜和其他瓜类作物。

症状特征

西瓜疫病在幼苗、成株期均可发生，为害叶、茎及果实。子叶染病，先呈水浸状暗绿色圆形斑，中央逐渐变成红褐色，近地面处缢缩或枯死。真叶染病，初生暗绿色水浸状圆形或不整形病斑，迅速扩展，湿度大时，腐烂或像开水烫过，干后为淡褐色，易破碎。茎基部染病，生纺锤形水浸状暗绿色凹陷斑，包围茎部且腐烂，患部以上全部枯死（图1）。果实染病，形成暗绿色圆形水浸状凹陷斑，后迅速扩展及全果，致果实腐烂，病部表面密生白色菌丝。

图 1　西瓜疫病病株

发生规律

西瓜疫病为真菌病害。病菌随病残体在土壤中或粪肥里越冬，翌年借气流、雨水或灌溉水传播。种子虽可带菌，但带菌率不高。湿度大时，病斑上产生病菌可进行再侵染。发病最适温度为20～30℃，雨季及高温高湿发病迅速，排水不良、栽植过密、茎叶茂密或通风不良发病重。

防治措施

1.农业防治 选用抗病品种；选择排水良好田块，采用高垄种植，雨后及时排水。

2.化学防治 播前种子用55 ℃温水浸泡15 min，或用40%甲醛150倍液浸泡30 min，冲洗干净后晾干播种。发病初期开始喷洒50%甲霜铜可湿性粉剂700～800倍液，或60%琥胶肥酸铜·乙膦铝可湿性粉剂500倍液，或72.2%霜霉威盐酸盐水剂800倍液，或58%甲霜灵·代森锰锌可湿性粉剂500倍液，或68%精甲霜灵·代森锰锌水分散粒剂500～600倍液，或64%噁霜灵·代森锰锌可湿性粉剂500倍液，或60%吡唑醚菌酯·代森联水分散粒剂800～1 000倍液，或68.75%氟菌唑·霜霉威悬浮剂800～1 000倍液，隔7～10 d喷1次，连续防治3～4次；必要时还可用上述杀菌剂灌根，每株灌配好的药液0.4～0.5 L，如喷洒与灌根能同时进行，防效明显提高。

四十二、甜瓜病毒病

分布与为害

甜瓜病毒病在全国各地均有发生，对甜瓜的产量和品质影响很大，一般发病田减产20%～30%，严重的甚至绝收。

症状特征

甜瓜病毒病发病初期叶片出现黄绿与浓绿镶嵌的花斑，叶片变小，叶面皱缩、凹凸不平、卷曲（图1）。发病株瓜蔓扭曲萎缩，植株矮化，瓜小且少，果面有浓淡相间的斑驳，或轻微鼓突状凸起。果实受害，先在瓜体表面出现许多圆形或不规则形水渍状小斑点，斑点直径大的10 mm以上，小的1 mm左右，后斑点变成浅褐色，凹陷，削去瓜皮，与斑点对应处的瓜肉木质化，呈褐色坏死状，整个瓜体僵硬，无食用价值。

图1　甜瓜病毒病病叶

发生规律

甜瓜种子带毒率高，也可通过棉蚜、桃蚜及机械摩擦传染。种子带毒率高低与发病迟早有关，发病早的种子带毒率高。该病在高温干旱或光照强的条件下发病重，蚜虫数量多时发病重。

防治措施

防治措施同萝卜病毒病。

四十三、甜瓜霜霉病

分布与为害

甜瓜霜霉病俗称“跑马干”，在全国各地均有发生。该病一旦发生，通常难以控制，而且流行极快，造成中下部叶干枯，并很快向上发展。果实发育期进入雨季病势扩展迅速，一般可造成减产30%~50%。

症状特征

甜瓜霜霉病主要为害叶片。苗期染病，子叶上产生水渍状小斑点，后扩展成浅褐色病斑，湿度大时叶背面长出灰紫色霉层。成株期染病，叶面上产生浅黄色病斑，沿叶脉扩展呈多角形，清晨叶面上有结露或吐水时，病斑呈水浸状，后期病斑变成浅褐色或黄褐色多角形（图1、图2）。在连续降雨条件下，病斑迅速扩展或融合成

图1　甜瓜霜霉病病叶正面

图2　甜瓜霜霉病病叶叶背

大斑块，致叶片上卷或干枯，下部叶片全部干枯，有时仅剩下生长点附近几片绿叶（图3）。

图3　甜瓜霜霉病病株

发生规律

甜瓜霜霉病多始于近根部的叶片，病菌5～6月在棚室黄瓜上繁殖，后传染到露地黄瓜上，7～8月经风雨传播至甜瓜上引致发病。相对湿度高于83%时，病部产生大量病菌，条件适宜时经3～4 d又产生新病斑，进行再侵染。病菌萌发和侵入对湿度条件要求高，叶片有水滴或水膜时，病菌才能侵入。对温度适应较宽，15～24 ℃适宜其发病。生产上浇水过量或浇水后遇中到大雨、地下水位高、株叶密集等易发病。

防治措施

1.农业措施　选用抗病品种；避免与瓜类作物邻作或连作；雨后不宜浇水，切忌大水漫灌；合理施肥，避免偏施氮肥，防止生长过嫩，及时整蔓，保持通风透光。

2.化学防治　发病初期喷洒47%春雷霉素·氧氯化铜可湿性粉剂700～800倍液，或64%噁霜灵·代森锰锌可湿性粉剂400～500倍液，或72.2%霜霉威盐酸盐水剂600倍液，或60%吡唑醚菌酯·代森联水分散粒剂600～800倍液，或18.7%烯酰吗啉·吡唑醚菌酯水分散粒剂600～1 000倍液，隔7～10 d喷 1次，连续防治3～4次，采收前3 d停止喷药。

四十四、丝瓜病毒病

分布与为害

丝瓜病毒病在各地普遍发生，近几年随着丝瓜种植面积加大，该病的发生与为害也呈加重趋势，轻发病田可减产10%～20%，重发病田减产达50%以上，严重影响丝瓜品质和产量。

症状特征

幼嫩叶片感病呈浅绿与深绿相间斑驳或褪绿色小环斑。老叶染病现黄色环斑或黄绿相间花叶，叶脉抽缩致叶片歪扭或畸形（图1）。发病严重的叶片变硬、发脆，叶缘缺刻加深，后期产生枯死斑。果实发病，病果呈螺旋状畸形，或细小扭曲，其上产生褪绿色斑。

图1　丝瓜病毒病病叶

发生规律

丝瓜病毒病由多种病毒引起，如黄瓜花叶病毒、甜瓜花叶病毒、烟草环斑病毒，以黄瓜花叶病毒为主。黄瓜花叶病毒可在菜田多种寄主或杂草上越冬，在丝瓜生长期间，主要靠蚜虫传毒，还可通过农事操作及汁液接触传播蔓延。甜瓜花叶病毒除种子带毒外，其他传播途径与黄瓜花叶病毒类似。烟草环斑病毒主要靠汁液摩擦传毒。

防治措施

防治措施同黄瓜花叶病毒病。

四十五、南瓜病毒病

分布与为害

南瓜病毒病又称花叶病，是南瓜生产上发生普遍且危害较严重的病害之一，保护地和露地均有发生。

症状特征

南瓜病毒病主要有三种类型。

（1）花叶型：叶片上出现黄绿相间的花叶斑驳，叶片成熟后叶小，皱缩，边缘卷曲。果实上表现为瓜条出现深浅绿色相间的花斑。

（2）皱叶型：多出现在成株期，叶片出现皱缩（图1），病部出现隆起绿黄相间斑驳，叶片边缘难以展开，同时叶片变厚、叶色变浓。

图 1　南瓜病毒病病株

（3）蕨叶型：南瓜植株生长点新叶变成蕨叶，呈鸡爪状。果实受害后果面出现凹凸不平、颜色不一致的色斑，而且果实膨大不正常。

发生规律

南瓜病毒病由黄瓜花叶病毒、甜瓜花叶病毒和烟草环斑病毒等多种病毒侵染所致。气温在24～28 ℃时，植株染病不显症状；当温度高于30 ℃时，染病植株才表现受害症状。高温干旱有利于蚜虫迁飞和繁殖，易诱发该病流行。南瓜病毒病有春季5～6月和秋季9～11月两个发生盛期，一般秋季重于春季。

防治措施

防治措施同黄瓜花叶病毒病。

四十六、南瓜白粉病

分布与为害

南瓜白粉病是南瓜上发生普遍且严重的一个病害，严重时致南瓜叶片枯黄及至焦枯，影响南瓜结实。

症状特征

南瓜白粉病在苗期、成株期均可发生，植株生长后期受害重，主要为害叶片、叶柄或茎，果实受害少。初期在叶片或嫩茎上出现白色小霉点，后扩大为1 ~ 2 cm的霉斑，条件适宜时，霉斑迅速扩大，且彼此连片，白粉状物布满整个叶片，白粉下面的叶组织先为淡黄色，后变褐色，后期变成灰白色，致叶片干枯卷缩，但不脱落，秋末霉斑上长出黑色小粒点（图1、图2）。

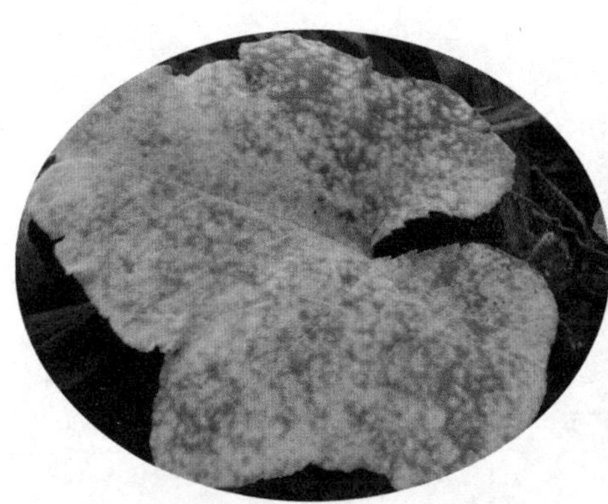

图 1　南瓜白粉病病叶发病后期正面布满白霉

图 2　南瓜白粉病病叶叶背及蔓上有白色霉层

发生规律

南瓜白粉病属真菌病害。病菌随病残体遗留在土表越冬，翌春进行初侵染。在棚室，病菌在寄主上越冬。病菌主要通过气流传播蔓延，与寄主接触后，直接从表皮细胞侵入，不断蔓延，条件适宜时进行重复侵染。病菌萌发温度10～30 ℃，以20～25 ℃最为适宜。田间湿度大，气温16～24 ℃，或干湿交替出现发病重。

防治措施

1.农业防治　选用抗病品种；与禾本科作物轮作2～3年；合理施肥；及时摘除基部病、老黄叶，并深埋或集中烧毁。

2.化学防治　在发病初期开始喷洒25%乙嘧酚悬浮剂1 500～2 500倍液，或30%醚菌酯悬浮剂1 500～2 500倍液，或30%氟菌唑可湿性粉剂1 500～2 000倍液，或10%苯醚甲环唑水分散粒剂1 500～2 500倍液，或25%三唑酮可湿性粉剂2 000倍液，隔7～10 d喷1次，连续防治2～3次。

四十七、豇豆白粉病

分布与为害

豇豆白粉病在我国南北菜区均有发生，该病除为害豇豆外，还侵害大豆、菜豆、豌豆等其他豆科作物，发病严重时对产量影响很大。

症状特征

豇豆白粉病主要为害叶片，也可侵害茎蔓及荚。叶片染病，初于叶背现黄褐色斑点，扩大后呈紫褐色斑，其上覆盖一层稀薄白粉，后病斑沿叶脉发展，白粉布满全叶，严重的叶面也显症，致叶片枯黄，引起大量落叶（图1）。

图 1　豇豆白粉病病叶

发生规律

豇豆白粉病为真菌病害，病菌以菌丝体在多年生植物体内、花卉上或在病残体上越冬。翌年春季产生子囊孢子，进行初侵染。一般干旱条件下或日夜温差大叶面易结露发病重。

防治措施

1.农业防治 选用抗病品种；收获后及时清除病残体，集中烧毁或深埋。

2.化学防治 发病初期喷洒70%甲基硫菌灵可湿性粉剂500倍液，或30%氟菌唑可湿性粉剂2 000倍液，或50%硫黄悬浮剂300倍液，或15%三唑酮可湿性粉剂1 000倍液，隔7～10 d喷1次，连续防治3～4次。

四十八、豇豆病毒病

分布与为害

豇豆病毒病是我国南北菜区豇豆的主要病害之一，各地均有分布。该病以秋豇豆发病较重，严重病株生育缓慢、矮小，开花结荚少。

症状特征

豇豆病毒病多表现系统性症状。叶片出现深、浅绿相间的花叶。有时可出现绿色脉带和萎缩、卷叶等症状（图1）。

图 1　豇豆病毒病病叶

发生规律

豇豆病毒病的病毒主要吸附在豆类作物种子上越冬，也可在越冬豆科作物上或随病残组织遗留在田间越冬，成为翌年初侵染源。播种带毒种子，出苗即可发病。生长期主要通过桃蚜、豆蚜等多种蚜虫进行非持久性传毒，病株汁液摩擦接种及田间管理等农事操作也是重要传毒途径。田间管理条件差，蚜虫发生量大发病重。

防治措施

1.农业防治　选用耐病品种；选无病株留种；加强肥水管理，提高植株抗病力。

2.物理防治　用物理方法防治蚜虫，在温室、大棚内或露地畦间悬挂或铺银灰色塑料薄膜或尼龙纱网，可有效地驱避菜蚜，必要时喷药杀蚜，减少传毒媒介。

3.化学防治　及早防治蚜虫。其他防治方法见茄子病毒病。

四十九、豇豆灰霉病

分布与为害

豇豆灰霉病在豇豆各种植区均有发生，保护地发生较重。

症状特征

豇豆叶、茎、花、荚果均可染病，一般根茎部向上先显症，初现深褐色，中部淡棕色或浅黄色病斑，干燥时病斑表皮破裂形成纤维状，湿度大时上生灰色霉层。有时病菌从茎蔓分枝处侵入，致病部形成凹陷水浸斑，后萎蔫。苗期子叶染病，呈水浸状变软下垂，后叶缘长出白灰色霉层。叶片染病，形成较大的轮纹斑，后期易破裂（图1）。荚果染病，先侵染败落的花（图2），后扩展至荚果，病斑初淡

图1　豇豆灰霉病病叶

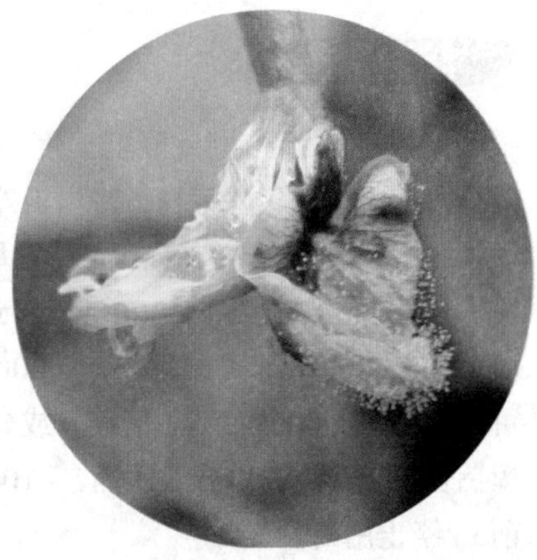

图2　豇豆灰霉病病花

褐色，至褐色后软腐，表面生灰霉（图3）。

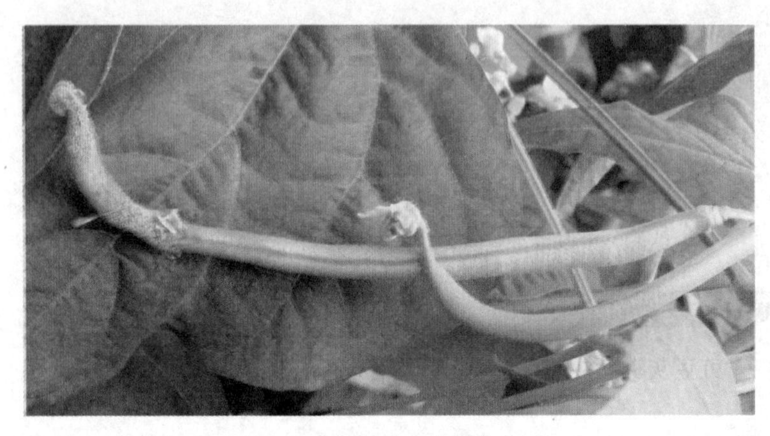

图3　豇豆灰霉病豆荚

发生规律

豇豆灰霉病为真菌病害。病菌以菌丝、菌核或分生孢子越夏或越冬。越冬的病菌在病残体中营腐生生活，在田间存活期较长。病菌遇到适合条件，借雨水溅射或随病残体、水流、气流、农具及衣物传播。腐烂的病荚、病叶、病卷须、败落的病花落在健部即可发病。

防治措施

1.农业防治　棚室降低湿度，提高夜间温度，增加白天通风时间；发病田及时拔除病株，带出田外烧毁。

2.化学防治　定植后发现零星病株即开始喷洒65%甲基硫菌灵·乙霉威可湿性粉剂800倍液，或50%腐霉利可湿性粉剂1 500倍液，或50%异菌脲可湿性粉剂1 000～1 500倍液，或50%乙烯菌核利可湿性粉剂1 000～1 500倍液，或40%嘧霉胺悬浮剂900倍液，或45%噻菌灵悬浮剂4 000倍液，隔7～10 d喷1次，连续喷洒2～3次，采收前3 d停止用药。

五十、豇豆锈病

分布与为害

豇豆锈病仅为害豇豆，是豇豆上常见的重要病害，在各蔬菜种植区发生普遍，发病严重时造成叶片干枯早落，影响产量。

症状特征

豇豆锈病主要发生在叶片上，严重时也为害叶柄和种荚。发病初期叶背产生淡黄色小斑点，逐渐变褐，隆起呈小脓疱状，表皮破裂后，散出红褐色粉末（图1），到后期散出黑色粉末，致叶片变形早落。有时叶脉、种荚也产生小脓疱，种荚染病，不能食用。此外，叶正面和背面有时可见稍凸起栗褐色粒点，在叶背面产出黄白色粗绒状物。

图 1　豇豆锈病后期病叶

发生规律

豇豆锈病属真菌病害。在我国北方病菌主要以冬孢子在病残体上越冬，温暖地区以夏孢子越冬。翌年病菌借气流传播侵入叶片为害。日均温稳定在24 ℃，连阴雨条件下易流行。

防治措施

1.农业防治　选用抗病品种；与其他非豆科作物轮作2～3年，最好是水旱轮作。

2.化学防治　发病初期开始喷洒15%三唑酮可湿性粉剂1 000～1 500倍液，或50%萎锈灵乳油800倍液，或50%硫黄悬浮剂200倍液，或25%丙环唑乳油3 000倍液，或50%醚菌酯干悬浮剂3 000～4 000倍液，或62.5%腈菌唑·代森锰锌可湿性粉剂200～300倍液，隔10～15 d喷1次，连续防治2～3次。

五十一、 白菜软腐病

分布与为害

白菜软腐病又称腐烂病、烂疙瘩，在全国均有分布。为害严重时，田间可成片绝收（图1），而且病株入窖，常引起烂窖，收后损失很大。该病除为害大白菜外，还为害萝卜、甘蓝、花椰菜等十字花科蔬菜及番茄、辣椒、芹菜、莴苣等蔬菜。

图 1　白菜软腐病大田症状

症状特征

白菜软腐病在苗期、莲座期、包心期均可发病。以莲座期至包心期为主，病部软腐，有臭味。发病初期外叶萎蔫，叶柄基部腐烂，病叶歪倒，露出叶球（图2），也有的茎基部腐烂并蔓延至心部（图3），有少数菜株外叶湿腐（图4），干燥时烂叶干枯呈薄纸状紧裹住叶球，或叶球内外叶较好，只是中间菜叶自边缘向内腐烂。

图2　白菜软腐病发病初期

图3　白菜软腐病发病后期

图4　白菜软腐病湿腐状

发生规律

白菜软腐病为细菌病害。病菌在病株内或病残体内越冬，成为重要的初侵染源。通过雨水、灌溉水、带菌肥料、土壤、昆虫等多种途径传播，由伤口或自然裂口侵入，不断发生再侵染。播种期较早的一般发病较重，施用未腐熟的肥料、高温多雨、地势低洼、排水不良、土质黏重、发病后大水漫灌、肥水不足、植株生长势较弱、地下害虫多等都会加重病情。

防治措施

1.农业防治 选用抗病品种；病田避免连作，可与豆类、麦类、水稻等作物轮作；清除田间病残体，精细整地，暴晒土壤，促进病残体分解；适时播种，适期定苗；增施基肥，及时追肥；采用高垄栽培，雨后及时排水，发现病株后及时清除。

2.化学防治 播种前种子处理，可用3%中生菌素可湿性粉剂按种子重量的1%拌种。发病初期可用14%络氨铜水剂200～400倍液，或77%氢氧化铜可湿性粉剂800～1 000倍液，或30%琥胶肥酸铜可湿性粉剂400～600倍液，或20%噻菌铜悬浮剂600～800倍液喷雾，或47%春雷霉素·氧氯化铜可湿性粉剂700倍液，或72%农用硫酸链霉素可溶性粉剂3 000～4 000倍液喷雾，视病情间隔7～10 d喷1次，重点喷洒病株基部及地表。

五十二、白菜霜霉病

分布与为害

白菜霜霉病俗称白霉病、霜叶病，全国白菜种植区普遍发生，为害严重。除为害大白菜外，也可为害萝卜、油菜、小白菜、花椰菜等十字花科蔬菜。流行年份可造成减产50%~60%。

症状特征

白菜霜霉病在各生育期均有为害，主要为害叶片。苗期受害，子叶叶背出现白霉层，小苗真叶正面无明显症状，严重时幼苗枯死。成株期发病，叶正面出现灰白色、淡黄色或黄绿色边缘不明显的病斑，后扩大为黄褐色病斑，受叶脉限制而呈多角形或不规则形（图1），叶背密生白色霉层（图2）。在发病盛期，发生严重时数个病斑相互连接形成不规则的枯黄叶斑，使病叶局部或整片枯死。

图1 白菜霜霉病病株

图2 白菜霜霉病叶背霉层

发生规律

白菜霜霉病为真菌病害。病菌主要以卵孢子在病残组织里或土壤中越冬，或以菌丝体在留种株上越冬，成为翌年初侵染源，经风雨传播蔓延。此外，病菌还可附着在种子上越冬，播种带菌种子直接侵染幼苗，引起苗期发病。病害发生的适温为16～20℃，相对湿度为70%左右。大白菜进入莲座期以后，随着植株迅速生长，外叶开始衰老，如遇气温偏高，或阴雨较多、光照不足、雾多、露水重，病害发生较重。在生产中，播种过早、密度过大、田间通透性差、植株疯长或生长期严重缺肥等都会加重病情。

防治措施

1.农业防治　选用抗病品种；适期播种，适当稀植；施足底肥，增施磷、钾肥；早间苗，晚定苗，适度蹲苗；小水勤灌，雨后及时排水；清除病苗，收获后及时清除田间病残体并带出田外集中深埋或烧毁。

2.化学防治　播种前进行种子处理，可用温水浸种2 h，再用72.2%霜霉威盐酸盐水剂500倍液浸种1 h；或用25%甲霜灵可湿性粉剂，或用3.5%咯菌腈·精甲霜灵悬浮种衣剂按种子重量的0.3%拌种。其他防治方法同萝卜霜霉病。

五十三、白菜黑斑病

分布与为害

白菜黑斑病又称黑霉病，是白菜上的主要叶部病害之一，在我国分布已较普遍。该病除为害白菜外，还为害油菜、萝卜、甘蓝等十字花科蔬菜。发病严重时，可造成减产5%～10%，染病白菜叶味变苦，品质变劣。

症状特征

白菜黑斑病主要为害子叶、真叶的叶片及叶柄，有时也为害花梗和种荚。叶片染病，初生近圆形褪绿斑；后渐扩大，边缘淡绿色至暗褐色，几天后病斑直径扩大至5～10 mm，且有明显的同心轮纹，有的病斑具黄色晕圈，在高温高湿条件下病部穿孔，发病严重的，病斑汇合成大的斑块，致半叶或整叶枯死，全株叶片由外向内干枯（图1）。茎或叶柄染病，病斑长梭形，呈暗褐色条状凹陷。采种株的茎或花梗受害，病斑椭圆形，暗褐色。种荚上病斑近圆形，中心灰色，边缘褐色，周围淡褐色，有或无轮纹，湿度大时生暗褐色霉层。

图1　白菜黑斑病病株

发生规律

白菜黑斑病为真菌病害。病菌主要以菌丝体及分生孢子在病残体或种子及冬贮菜上越冬。翌年产生出分生孢子，从气孔或直接穿透表皮侵入，借风雨传播侵染。春夏季在油菜、菜心、小白菜、甘蓝等十字花科蔬菜上不断扩展蔓延，秋季在大白菜上为害。其发生轻重及早晚与连阴雨持续时间长短及品种抗性有关，多雨高湿及温度偏低发病早而重。发病温度11～24 ℃，适宜温度11.8～19.2 ℃，相对湿度72%～85%，品种间抗性有差异。

防治措施

1.农业防治　尽可能选用适合当地的抗黑斑病品种；与非十字花科蔬菜轮作2～3年；施足基肥，增施磷钾肥，有条件的采用配方施肥，提高菜株抗病力。

2.化学防治　种子消毒，可用50 ℃温水浸种25 min，冷却晾干后播种，或用种子重量0.4%的50%福美双可湿性粉剂拌种，或用种子重量0.2%～0.3%的50%异菌脲可湿性粉剂拌种。发现病株及时喷47%春雷霉素·氧氯化铜可湿性粉剂600～800倍液，或64%噁霜灵·代森锰锌可湿性粉剂500倍液，或40%克菌丹可湿性粉剂400倍液，或50%异菌脲可湿性粉剂1 500倍液，或56%嘧菌酯·百菌清悬浮剂800～1 000倍液，或68.75%噁唑菌铜·代森锰锌水分散粒剂800～1 000倍液，或10%苯醚甲环唑水分散粒剂1 000～2 000倍液，或43%戊唑醇悬浮剂2 500～3 000倍液，隔7 d左右喷1次，连续防治3～4次。

五十四、上海青霜霉病

分布与为害

上海青霜霉病在全国各地均有发生，严重发病时会影响产量，尤其对质量影响较大。

症状特征

上海青霜霉病在苗期、成株期均可发生，叶片初现边缘不明晰的褪绿斑点，扩大后受叶脉限制则现黄褐色多角形斑，病斑背面长出疏密不等的白霉，严重时病斑融合，叶片变黄干枯，不能食用（图1）。采种株的茎顶及花梗染病，多肥肿畸形，似“龙头拐”。种荚染病也致不同程度的变形，结实不良。茎、花梗及荚果染病，表面湿度大时生白色霉状物。

图1　上海青霜霉病病叶

发生规律

上海青霜霉病为真菌病害。病菌主要在病残体、土壤中、附着在种子上或在留种株上越冬，翌春进行侵染为害。病害发生的适温为16～20 ℃，相对湿度70%左右。在生产中，播种过早、密度过大、田间通透性差、阴雨天多、雨后田间易积水、偏施氮肥植株徒长或生长期严重缺肥等都能加重病情。

防治措施

防治措施同白菜霜霉病。

五十五、甘蓝软腐病

分布与为害

甘蓝软腐病又称水烂、烂疙瘩，分布广泛，发生较普遍，严重时造成甘蓝减产50%以上，甚至成片绝收，严重影响其产量和品质。

症状特征

甘蓝软腐病为细菌病害。该病一般始于结球期，初在外叶或叶球基部出现水浸状斑，植株外层包叶中午萎蔫，早晚恢复，数天后外层叶片不再恢复，病部开始腐烂（图1），叶球外露或植株基部逐渐腐烂成泥状，或塌倒溃烂，叶柄或根茎基部的组织呈灰褐色软腐，严重的全株腐烂，病部散发出恶臭味。腐烂球叶在干燥环境下失水变成透明薄纸状。

图1　甘蓝软腐病病株

发生规律

发生规律同白菜软腐病。

防治措施

防治措施同白菜软腐病。

五十六、花椰菜黑斑病

分布与为害

花椰菜黑斑病是十字花科蔬菜上常见的病害之一。

症状特征

花椰菜黑斑病主要为害叶片、叶柄、花梗和种荚，该病多发生在外叶或外层球叶上，初在病部产生小黑斑，温度高时病斑迅速扩大为灰褐色圆形病斑，直径5 ~ 30 mm，比白菜黑斑病大，轮纹不明显，但病斑上产生的黑霉常较白菜多且明显（图1）。发生严重时叶上病斑很多，病斑汇合成大斑，或致叶片变黄早枯。茎、叶柄染病，病斑呈纵条形，具黑霉。花梗、种荚染病，出现黑褐色长梭形条状斑，结实少或种子瘦瘪。

图 1　花椰菜黑斑病病叶

发生规律

花椰菜黑斑病属真菌病害。病菌主要以菌丝体及分生孢子在土壤中、病残体上、留种株上及种子表面越冬，成为翌年初侵染源。分生孢子借风雨传播，进行再侵染使病害蔓延。病菌在10～35 ℃都能生长发育，但常要求较低的温度，适温17 ℃，最适pH值6.6。病菌在水中可存活1个月，在土中可存活3个月，在土表可存活1年。病情的轻重和发生早晚与降雨的迟早、雨量的多少成正相关，春季和秋季雨水较多，田间湿度大，病害即有可能流行。播种早、密度大、地势低洼、雨后易积水、管理粗放、缺水缺肥、植株长势差、偏施氮肥、植株徒长旺长导致植株抗病力弱，一般发病重。

防治措施

1.农业防治　应选择地势较高不易积水的地块种植，施用腐熟的优质有机肥，增施基肥，注意氮、磷、钾配合；适期播种，适当稀植，适时适量灌水，雨后及时排出田间积水；及时摘除病叶，收获后及时清除田间病残体并带出田外深埋或烧毁，减少菌源。

2.化学防治　播种前种子处理，可用50%异菌脲可湿性粉剂，或50%腐霉利可湿性粉剂，或50%福美双可湿性粉剂按种子重量的0.2%～0.3%拌种。发病初期喷洒64%噁霜灵·代森锰锌可湿性粉剂500～700倍液，或50%异菌脲可湿性粉剂1 500倍液，或50%腐霉利可湿性粉剂2 000倍液，隔7～10 d喷1次，连续防治2～3次。

五十七、萝卜霜霉病

分布与为害

萝卜霜霉病在我国各蔬菜产区均有发生，黄河以北和长江流域地区为害较重。

症状特征

萝卜霜霉病在苗期至采种期均可发生，从植株下部向上扩展，叶面初现不规则褪绿黄斑，后渐扩大为多角形黄褐色病斑，湿度大时，叶背或叶两面长出白霉，严重的病斑连片致叶片变黄干枯（图1）。茎部染病，出现黑褐色不规则状斑点。种株染病，种荚多受害，病部呈淡褐色不规则斑，上生白色霉状物。

图1 萝卜霜霉病病叶背部霉层

发生规律

萝卜霜霉病为真菌病害。病菌主要在病残体或土壤中，或在留种株上越冬。翌年卵孢子萌发产生芽管，从幼苗胚茎处侵入，并在幼茎和叶片上侵染，经风雨传播蔓延。病菌还可附着在种子上越冬，播种带菌种子直接侵染幼苗，引起苗期发病。病菌在菜株病部越冬的，越冬后借气流传播。病菌喜高温高湿环境，适宜发病温度为7～28 ℃，最适发病温度为20～24 ℃，相对湿度在90%以上。多雨、多雾或田间积水发病重。栽培上多年连作、播期过早、种植过密、偏施氮肥发病重。

防治措施

1.农业防治 选用抗病品种；适期播种，早间苗，晚定苗，适度蹲苗；施足底肥，增施磷、钾肥；前茬收获后清除病叶及时深翻。

2.药剂防治 发现中心病株后开始喷洒40%三乙膦酸铝可湿性粉剂150～200倍液，或72.2%霜霉威盐酸盐水剂600～800倍液，或64%噁霜灵·代森锰锌可湿性粉剂500倍液，或58%甲霜灵·代森锰锌可湿性粉剂500倍液。普遍发病时，可用68.75%霜霉威盐酸盐·氟吡菌胺悬浮剂800～1 200倍液，或72%霜脲氰·代森锰锌可湿性粉剂600～800倍液，或18.7%吡唑醚菌酯·烯酰吗啉水分散粒剂500～800倍液，视病情隔5～7 d喷1次。

五十八、萝卜病毒病

分布与为害

萝卜病毒病在全国各地均有发生，除为害萝卜外，同时还会为害菜心、油菜、甘蓝等。

症状特征

萝卜病毒病以花叶型多，整株发病，叶片出现叶绿素不均，深绿和浅绿相间，有时发生畸形，有的沿叶脉产生耳状突起（图1）。

图1 萝卜病毒病病株

发生规律

病毒可通过摩擦方式汁液传毒，也可由跳甲、叶甲、桃蚜、萝卜蚜传毒。田间管理粗放，高温干旱年份，蚜虫、跳甲发生量大，或植株抗病力差发病重。

防治措施

1.农业防治 选用抗病品种。苗期用银灰膜或塑料反光膜、铝光纸反光避蚜。加强栽培，适期早播，增施肥水，早间苗、定苗，培育壮苗。

2.化学防治 及时防治蚜虫和跳甲。发病初期喷洒20%盐酸吗啉胍·乙酸铜可湿性粉剂500倍液，或1.5%烷醇·硫酸铜乳剂1 000倍液，或5%病毒酰胺水剂1 000倍液，或0.1% S-诱抗素水剂1 000～2 000倍液，或5%菌毒清水剂500倍液，或0.5%氨基寡糖素水剂4 000倍液，或31%氮苷·盐酸吗啉胍可湿性粉剂1 000倍液，隔10 d左右喷1次，连续防治3～4次。

五十九、萝卜黑腐病

分布与为害

萝卜黑腐病俗称黑心、烂心，是萝卜上常见病害。萝卜根内部变黑，使萝卜丧失商品价值。该病除为害萝卜外，还为害白菜类、甘蓝类等多种十字花科蔬菜。

症状特征

萝卜黑腐病主要为害叶和根。叶片染病，叶缘多处产生黄色斑，后变"V"字形向内发展，叶脉变黑，呈网状，后扩及全叶变黄干枯。根部染病，导管变黑，内部组织干腐，外观往往看不见明显症状，但髓部多黑色干腐状，后形成空洞（图1）。田间多并发软腐病，最终呈腐烂状。

图1　萝卜黑腐病病根切面

发生规律

萝卜黑腐病为细菌病害。病菌在种子或土壤中及病残体上越冬，播种带菌种子，病株在地下即染病，导致幼苗不能出土，有的虽能出土，但出苗后不久即死亡。在田间通过雨水、虫伤或灌溉水等农事操作造成的伤口传播蔓延，病菌从叶缘的水孔或叶面伤口侵入，进入维管束向上下扩展，形成系统侵染。在发病的种株上，病菌从果柄侵入，使种子表面带菌，也可从种脐侵入，使种皮带菌，带菌种子成为该病远距离传播的主要途径。适温25～30 ℃、高温多雨、连作或早播、栽培密度大、田间通透性差、灌水过量、地势低洼、排水不良、肥料少或未腐熟，以及人为伤口和虫伤等多发病重。

防治措施

1.农业防治 种植耐病品种；轮作倒茬；适时播种，不宜过早；加强管理，采用配方施肥技术，苗期小水勤浇，降低土温，及时间苗、定苗。

2.化学防治 进行种子处理，用50 ℃温水浸种30 min，或用种子重量0.4%的50%琥胶肥酸铜可湿性粉剂拌种，用清水冲洗后晾干播种，也可用种子重量0.2%的50%福美双可湿性粉剂拌种。播种前土壤处理，每亩穴施50%福美双可湿性粉剂750 g，或40%五氯硝基苯粉剂750 g，对水10 L，拌入100 kg细土后撒入穴中。发病初期开始喷洒72%农用硫酸链霉素可溶性粉剂3 000～4 000倍液，或14%络氨铜水剂300倍液，或47%春雷霉素·氧氯化铜可湿性粉剂700倍液，或50%氢氧化铜可湿性粉剂500倍液，隔7～10 d喷1次，连续防治3～4次。

六十、芹菜斑枯病

分布与为害

芹菜斑枯病又名芹菜晚疫病、叶枯病，是冬春保护地及采种芹菜的重要病害，发生普遍而又严重，对产量和质量影响较大。该病在贮运期还能继续为害。

症状特征

芹菜叶、叶柄、茎均可染病。叶染病，一种是老叶先发病，后传染到新叶上，叶上病斑多散生，大小不等，直径3～10 mm，初现淡褐色油渍状小斑点，后逐渐扩大，中部呈褐色坏死，外缘多为深红褐色且明显，中间散生少量小黑点（图1）。另一种，开始不易与前者区别，后中央呈黄白色或灰白色，边缘聚生很多黑色小粒点，病斑外常具一圈黄色晕环，病斑大小不等。叶柄或茎

图1　芹菜斑枯病病叶及病茎

部染病，病斑褐色，长圆形稍凹陷，中部散生黑色小点。严重时叶枯，茎秆腐烂（图2）。

图2　芹菜斑枯病病叶干枯

发生规律

芹菜斑枯病为真菌病害。病菌以菌丝体在种皮内或病残体上越冬，且存活1年以上。播种带菌种子，出苗后即染病，在育苗畦内传播蔓延。在病残体上越冬的病原菌，遇适宜温度、湿度条件，产生分生孢子器和分生孢子，借风或雨飞溅将孢子传到芹菜上。遇有水滴存在，孢子萌发出芽管经气孔或穿透表皮侵入植株。湿度大时发病重。连阴雨或白天干燥，夜间有雾或露水及温度过高、过低，植株抵抗力弱时发病重。

防治措施

1.农业防治　选用无病种子或对带病种子进行消毒；加强田间管理，施足基肥，看苗追肥，增强植株抗病力；保护地栽培要注意降温排湿，白天控温15～20 ℃，高于20 ℃时要及时放风；夜间控制在10～15 ℃，缩小日夜温差，减少结露，切忌大水漫灌。

2.物理防治　可进行温汤浸种，即55 ℃温水浸种15 min，边浸边搅拌，后移入冷水中冷却，晾干后播种。

3.化学防治　保护地芹菜每亩每次可用45%百菌清烟剂200 ~ 250 g熏烟，或每亩每次用1 kg 5%百菌清粉尘剂喷撒。露地可选喷75%百菌清可湿性粉剂600倍液，或60%琥胶肥酸铜 · 乙膦铝可湿性粉剂500倍液，或64%噁霜灵 · 代森锰锌可湿性粉剂500倍液，或40%硫黄 · 多菌灵悬浮剂500倍液，或47%春雷霉素 · 氧氯化铜可湿性粉剂600 ~ 800倍液，或10%苯醚甲环唑水分散粒剂1 500 ~ 2 000倍液，隔7 ~ 10 d喷1次，连续防治2 ~ 3次。

六十一、芹菜叶斑病

分布与为害

芹菜叶斑病又称早疫病、斑点病，在幼苗期、成株期均可发病，以成株受害较重。该病在全国各地均有发生。

症状特征

芹菜叶斑病主要为害叶片。叶上初呈黄绿色水渍状斑，后发展为圆形或不规则形，大小为4～10 mm，病斑灰褐色，边缘色稍深不明晰，严重时病斑扩大汇合成斑块，终致叶片枯死（图1）。茎或叶柄染病，病斑椭圆形，大小为3～7 mm，灰褐色，稍凹陷。发病严重的全株倒伏。高湿时，上述各病部均长出灰白色霉层。

图1　芹菜叶斑病病叶

发生规律

芹菜叶斑病为真菌病害。病菌附着在种子或病残体上及病株上越冬。春季条件适宜时产生分生孢子，通过雨水、风及农事操作传播，从气孔或表皮直接侵入。高温多雨或高温干旱、夜间结露重、持续时间长时易发病。连作地块，地势低洼、雨后易积水地块，种植密度大，田间通透性差，发病重。

防治措施

1.农业防治　选用耐病品种；从无病株上采种，必要时用48 ℃温水浸种30 min；实行2年以上轮作；合理密植，科学灌溉，防止田间湿度过高。

2.化学防治　发病初期喷洒50%多菌灵可湿性粉剂800倍液，或50%甲基硫菌灵可湿性粉剂500倍液，或77%氢氧化铜可湿性粉剂500倍液，或47%春雷霉素·氧氯化铜可湿性粉剂500 ~ 800倍液。保护地可选用5%百菌清粉尘剂每亩每次1 kg，或施用45%百菌清烟剂每亩每次200 g，隔7 ~ 10 d喷1次，连续或交替施用2 ~ 3次。

六十二、芹菜根结线虫病

分布与为害

芹菜根结线虫病发生普遍，特别是老菜区，多年蔬菜大棚内发病更为严重，轻者减产20%～30%，重者可达50%以上，甚至100%。

症状特征

芹菜根结线虫病主要发生在根部，须根或侧根染病后产生瘤状大小不等的根结（图1）。病部组织里有很多细小的乳白色线虫埋于其内。地上部发病重时叶片中午萎蔫或逐渐枯黄，植株矮小，发病严重时，全田枯死。

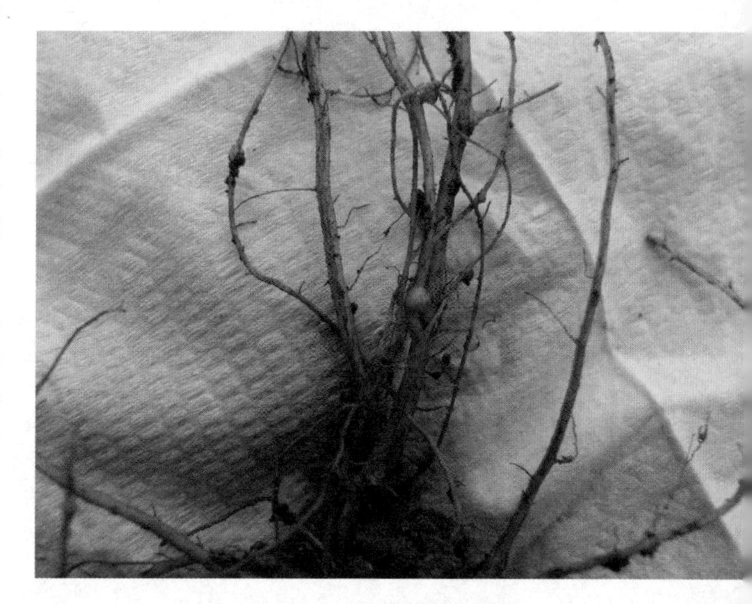

图1　芹菜根结线虫病病根

发生规律

发生规律同莴苣根结线虫病。

防治措施

防治措施同莴苣根结线虫病。

六十三、芹菜病毒病

分布与为害

芹菜病毒病又称花叶病、皱叶病和抽筋病等，高温干旱年份发病严重，一旦发生，不易防治。该病在全国各地芹菜种植区均有发生。

症状特征

全株染病。初期叶片皱缩，呈现浓、淡绿色斑驳或黄色斑块，表现为明显的黄斑花叶，严重时，全株叶片皱缩不长或黄化、矮缩（图1）。

图 1　芹菜病毒病病株

发生规律

芹菜病毒病主要通过蚜虫传播，也可通过农事操作接触传毒。栽培管理条件差、干旱、蚜虫数量多发病重。

防治措施

芹菜病毒病主要采取防蚜、避蚜措施进行防治。其次是加强水肥管理，提高植株抗病力以减轻为害。其他防治方法见番茄病毒病。

六十四、芹菜软腐病

分布与为害

芹菜软腐病又称烂疙瘩病，一般在生长中后期封垄遮阴、地面潮湿情况下易发病。该病在全国各地均有发生。

症状特征

芹菜软腐病主要发生于叶柄基部或茎上，先出现水浸状、淡褐色纺锤形或不规则形的凹陷斑，后呈湿腐状（图1），变黑发臭，仅残留表皮。

图 1　芹菜软腐病病株

发生规律

芹菜软腐病为细菌病害。病菌在土壤中越冬，从伤口侵入，借雨水或灌溉水传播蔓延。该病在生长后期湿度大的条件下发病重。连作地块、地势低易积水地块、基肥不足、秋季播种过早、种植密度过大、田间通透性差、水肥不均植株长势差、害虫多等发病较重。

防治措施

1.农业防治 实行2年以上轮作；定植、松土或锄草时避免伤根；培土不宜过高，以免把叶柄埋入土中；雨后及时排水，发病期减少浇水或暂停浇水；发现病株及时挖除并撒入石灰消毒。

2.化学防治 发病初期开始喷洒72%农用硫酸链霉素可溶性粉剂3 000～4 000倍液，或72%新植霉素可湿性粉剂3 000～4 000倍液，或14%络氨铜水剂350倍液，或50%琥胶肥酸铜可湿性粉剂500～600倍液，隔7～10 d喷1次，连续防治2～3次。

六十五、菠菜霜霉病

分布与为害

菠菜霜霉病是菠菜上发病率较高的一种病害，在我国发生普遍。该病主要为害菠菜叶片，影响产量、品质，降低经济效益。

症状特征

菠菜霜霉病主要为害叶片。叶片染病，病斑初呈淡绿色小点，边缘不明显，扩大后呈不规则形，大小不一，直径3～17 mm，叶片背面病斑上产生灰白色霉层，后变灰紫色，病斑从外部叶片逐渐向内部叶片发展，从植株下部向上扩展，干旱时病叶枯黄，湿度大时多腐烂，严重的整株叶片变黄枯死（图1），有的菜株呈萎缩状，多为冬前系统侵染所致。

图1　菠菜霜霉病病叶

发生规律

菠菜霜霉病是真菌病害。病菌在被害的寄主和种子上或在病残叶内越冬，翌春借气流、雨水、农具、昆虫及农事操作传播蔓延，从寄主表皮或气孔侵入，后在田间进行再侵染。种植过密，植株生长弱，积水或早播情况下发病重。

防治措施

防治措施同白菜霜霉病。

六十六、莴笋霜霉病

分布与为害

莴笋霜霉病在全国各地均有发生，严重时常导致成片发病，造成严重减产。

症状特征

幼苗、成株均可发病，以成株受害重，主要为害叶片。病叶由植株下部向上蔓延，最初叶上生淡黄色近圆形或多角形病斑，病斑受叶脉限制，大小为5～20 mm，潮湿时，叶背病斑长出白霉（图1），有时蔓延到叶片正面，后期病斑枯死变为黄褐色并连接成片，致全叶干枯（图2）。天气干旱时病叶枯死，潮湿时病叶腐烂。

图 1　莴笋霜霉病病叶叶背白霉

图 2　莴笋霜霉病病株

发生规律

莴笋霜霉病为真菌病害。病菌以菌丝体在种子内或秋播莴笋上越冬，或以卵孢子随病残体在土壤中越冬，翌年条件适宜时，病株产出孢子囊，借风雨或昆虫传播，从寄主表皮或气孔侵入。一般栽植过密，田间通透性差，春秋季阴雨连绵，雨后易积水，经常大水漫灌，管理粗放，缺肥缺水植株生长势较弱或氮肥施用过多造成植株徒长或旺长，均可诱发该病引起流行。

防治措施

1.农业防治 选用抗病品种，凡植株带紫红色或深绿色的品种表现抗病；可与豆科、百合科、茄科蔬菜实行2～3年轮作；加强栽培管理，合理密植，注意排水，降低田间湿度；早期拔除病株，及时打掉病老叶片并烧毁，收获后清除田间病残体集中烧毁或深埋。

2.化学防治 发病初期开始喷洒58%甲霜灵·锰锌可湿性粉剂500倍液，或72.2%霜霉威盐酸盐水剂800倍液，或64%噁霜灵·代森锰锌可湿性粉剂500倍液，或69%烯酰吗啉·代森锰锌可湿性粉剂1 000倍液，隔7～10 d喷1次，连续防治2～3次。保护地栽培在发病前每亩用45%百菌清烟剂200～250 g，傍晚分施3～4处，点燃后密闭烟熏，每隔7 d熏1次，连续熏治4～5次。

六十七、莴苣根结线虫病

分布与为害

莴苣根结线虫病分布广泛，发生田一般减产30%～70%。

症状特征

发病轻时，地上部无明显症状；发病重时，拔起植株，可见肉质根变小、畸形，须根上有许多葫芦状根结（图1）。地上部表现生长不良、矮小、黄化、萎蔫，似缺肥水或枯萎病症状，严重时植株枯死。

图1　莴苣根结线虫病病根

发生规律

常以卵囊和根组织中的卵或2龄幼虫随病残体遗留在土壤中越冬，翌年条件适宜时，越冬卵孵化为幼虫，继续发育并侵入寄主，刺激根部细胞增生，形成根结。病土、病苗及灌溉水是主要传播途径。地势高、土壤质地疏松、盐分低的土壤适宜线虫活动，有利于发病，连作地发病重。

防治措施

1.农业防治　选用无病土育苗，合理轮作；彻底处理病残体，集中烧毁或深埋；根结线虫多分布在3～9 cm表土层，深翻可减轻为害；合理施肥或灌水以增强寄主抵抗力。

2.化学防治　播种前进行土壤处理，可每亩撒施0.5%阿维菌素颗粒剂3～4 kg，或5%丁硫克百威颗粒剂5～7 kg，或10%噻唑磷颗粒剂2～5 kg，浅耙混入土中。生长期发生，可用40%灭线磷乳油1 000倍液，或1.8%阿维菌素乳油2 000～3 000倍液灌根。

六十八、生菜软腐病

分布与为害

生菜软腐病为生菜的常见病害，分布较广泛，发生也较普遍，保护地和露地都有发生。主要为害包心生菜，一般发病率为3%～12%，发病严重时能造成生菜成片死棵。

症状特征

生菜软腐病常在生长中后期开始发生，多从植株基部伤口处开始侵染，初呈水浸状半透明，以后病部扩大成不规则形，充满浅灰褐色黏稠物，并释放出恶臭气味，随病情发展病害沿基部向上快速扩展，使整个菜球腐烂（图1、图2）。有时病菌也从外叶叶缘和叶球顶部开始侵染，引起腐烂。

图1　生菜软腐病病株（1）

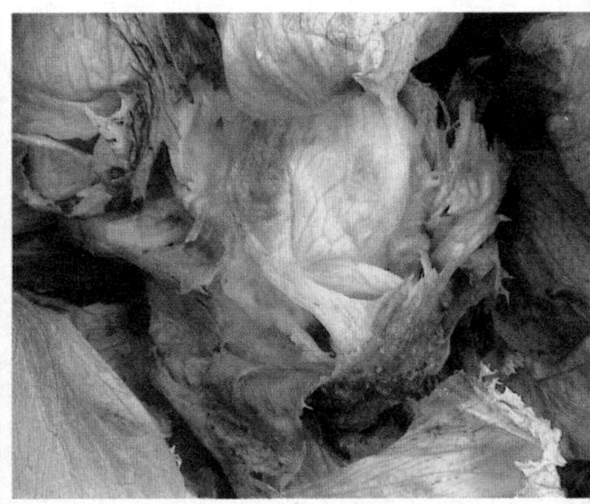

图2　生菜软腐病病株（2）

发生规律

生菜软腐病为细菌病害。病菌随病残体留在土中越冬，通过雨水、浇灌水、肥料、土壤、昆虫等多种途径传播，从伤口侵入。连作田、土质黏重地、低洼易积水地块、施用未腐熟的有机肥、肥水不足、植株长势较弱、高温多雨发病重。

防治措施

防治措施同白菜软腐病。

六十九、油麦菜黑斑病

分布与为害

油麦菜黑斑病又称轮纹斑、叶枯病，在油麦菜上发生普遍，对油麦菜品质影响较大。

症状特征

油麦菜黑斑病主要为害叶片，在叶片上形成圆形至近圆形褐色斑点，在不同的条件下病斑大小差异较大，一般3～15 mm，褐色至灰褐色，具有同心轮纹（图1、图2）。在田间一般病斑表面看不到霉状物。

图1　油麦菜黑斑病病叶（1）

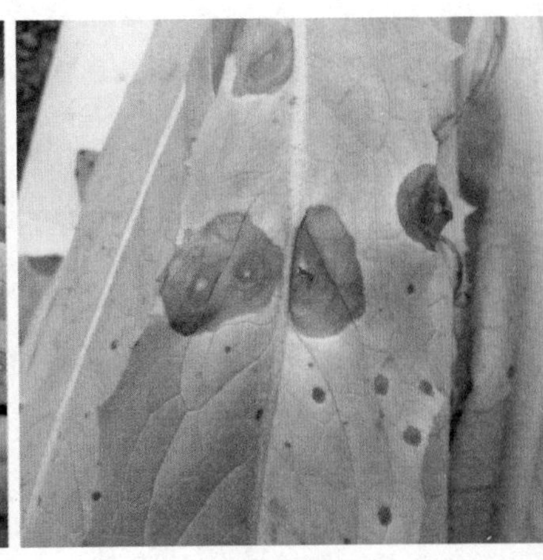

图2　油麦菜黑斑病病叶（2）

发生规律

油麦菜黑斑病为真菌病害。病菌可在土壤的病残体或种子上越冬。在温、湿度适宜时，产生病菌进行侵染，可通过风、雨传播，进行再侵染。温暖潮湿、阴雨天及结露持续时间长，病害易流行。在土壤肥力不足，植株生长衰弱时，发病重。

防治措施

1.农业防治 加强田间管理，增施有机肥及磷、钾肥，提高植株抗病力；实行轮作制，不与菊科蔬菜连作；及时打去老叶、病叶并将病残体集中烧毁或深埋。

2.化学防治 发病初期喷洒75%百菌清可湿性粉剂600倍液，或50%异菌脲可湿性粉剂1 500倍液，或10%苯醚甲环唑水分散粒剂1 000～1 500倍液，或68.75%噁唑菌酮·代森锰锌水分散粒剂800～1 000倍液，或40%克菌丹可湿性粉剂400倍液，或70%乙膦铝·代森锰锌可湿性粉剂500倍液，隔10 d左右喷1次，连续防治2～3次。

七十、 大葱黑斑病

分布与为害

大葱黑斑病在全国各地分布广泛，近几年来已上升为大葱主要病害。

症状特征

大葱黑斑病主要为害叶和花茎。叶染病出现褪绿长圆斑，初黄白色，迅速向上下扩展，变为黑褐色，边缘具黄色晕圈，病情扩展，斑与斑连片后仍保持椭圆形，病斑上略现轮纹，层次分明（图1），后期病斑上密生黑短绒层（图2），发病严重的叶片变黄枯死或茎部折断（图3）。

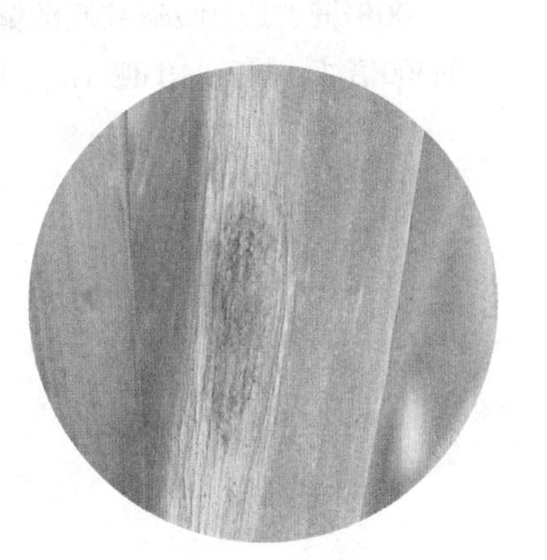

图1　大葱黑斑病病叶

图2　大葱黑斑病病斑上黑短绒层

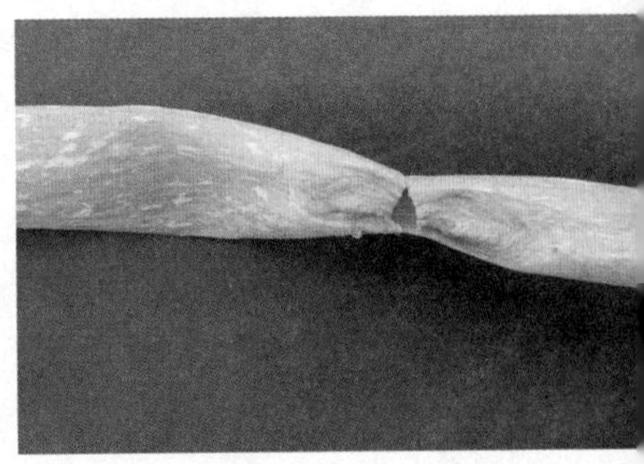

图3　大葱黑斑病后期病叶折断

发生规律

大葱黑斑病为真菌病害。病菌随病残体在土中越冬，借气流传播蔓延，长势弱的植株及冻害或管理不善易发病。采种株易发病。

防治措施

1.农业防治 加强田间管理，合理密植，雨后及时排水，发病田及时清除被害叶和花梗。

2.化学防治 于发病初期喷洒75%百菌清可湿性粉剂600倍液，或50%异菌脲可湿性粉剂1 500倍液，或64%噁霜灵·代森锰锌可湿性粉剂500倍液，或50%琥胶肥酸铜可湿性粉剂500倍液，或14%络氨铜水剂300倍液，隔7～10 d喷1次，连续防治3～4次。

七十一、大葱灰霉病

分布与为害

大葱灰霉病是大葱常见病害之一，在各菜区普遍发生。发病严重时常造成叶片枯死、腐烂，不能食用，直接影响产量（图1）。

图1　大葱灰霉病大田症状

症状特征

初在叶上生白色至浅灰褐色的小斑点，后逐渐扩大，相互融合成椭圆形或近圆形大斑，多由叶尖向下发展，逐渐连成片，使葱叶卷曲枯死（图2、图3）。湿度大时，在枯叶上生出大量灰霉，致使大葱腐烂、发黏、发黑。

图2 大葱灰霉病病叶(1)

图3 大葱灰霉病病叶（2）

发生规律

大葱灰霉病为真菌病害。病菌随气流、雨水、灌溉水传播蔓延，从气孔或伤口等侵入叶片，引起发病。成株期发病最重。地势低洼、土质黏重、阴雨连绵、雨后积水、种植密度过大、偏施氮肥、植株旺长的均能引起发病。

防治措施

1.农业防治 选用抗病品种；选择地势平坦、疏松、透气性好的地块进行栽培，合理密植，合理配合施用氮、磷、钾肥，雨后及时排出田间积水；大葱收获后，及时清除病残体，防止病菌蔓延。

2.化学防治 发病初期轮换喷施50%多菌灵可湿性粉剂500倍

液，或70%甲基硫菌灵可湿性粉剂500倍液，或用50%腐霉利可湿性粉剂1 000～1 500倍液，或25%咪鲜胺乳油2 000倍液，或用50%异菌脲可湿性粉剂1 000～1 500倍液，或50%乙烯菌核利可湿性粉剂1 000～1 500倍液，隔7 d喷药1次，连续防治2～3次。

七十二、大葱锈病

分布与为害

大葱锈病发生普遍，是大葱的主要病害。春末夏初发生，秋季为害最重。种植集中，重茬地发生较重，轻病田可减产10%～20%，重者达50%以上，同时葱锈病为害叶片，外观质量差，经济效益低，已成为阻碍大葱生产的主要病害。

症状特征

大葱锈病主要为害叶、花梗及绿色茎部。发病初期，表皮上产生椭圆形稍隆起的橙黄色疱斑，后表皮破裂向外翻，散出橙黄色粉末（图1），秋后疱斑变为黑褐色，破裂时散出暗褐色粉末。

图1　大葱锈病病叶

发生规律

大葱锈病为真菌病害。病菌在病残体上越冬，翌年随气流传播进行初侵染和再侵染。病菌从寄主表皮或气孔侵入。气温低的年份、肥料不足及生长不良发病重。

防治措施

1.农业防治　施足有机肥，增施磷、钾肥，提高寄主抗病力。

2.化学防治　发病初期喷洒15%三唑酮可湿性粉剂2 000～2 500倍液，或50%萎锈灵乳油700～800倍液，或25%丙环唑乳油3 000倍液，隔10 d左右喷1次，连续防治2～3次。

七十三、大葱紫斑病

分布与为害

大葱紫斑病是大葱上的常见病害，全国各地均有发生。在田间主要为害叶片和花梗，贮藏期间还侵害鳞茎。近年来，随大葱生产的发展，其发生与为害逐年加重。该病除为害大葱外，还为害洋葱、蒜、韭菜。

症状特征

大葱紫斑病主要为害叶和花梗，初呈水渍状白色小点，后变淡褐色圆形或纺锤形稍凹陷斑，继续扩大呈褐色或暗紫色，周围有黄色晕圈。湿度大时，病部长出同心轮纹状排列的深褐色霉状物（图1），病害严重时，致全叶变黄枯死或折断。

图 1　大葱紫斑病病叶

发生规律

大葱紫斑病为真菌病害。病菌在寄主体内或随病残体在土壤中越冬，翌年条件适宜时，借气流或雨水传播，经气孔、伤口或直接穿透表皮侵入。生长中后期发病严重。常年连作、沙土地、播种过早、种植过密、田间郁闭、管理粗放、经常缺肥缺水、植株生长过弱、葱蓟马为害重的田块发病重。

防治措施

1.农业防治 与非百合科蔬菜轮作2年以上；施足充分腐熟的有机肥，适期播种，合理密植，适时、适量浇水，雨后及时排出田间积水；适时收获，低温贮藏，防止病害在贮藏期继续蔓延，收获后及时清洁田园。

2.化学防治 种子用40%甲醛300倍液浸泡3 h，浸泡后及时洗净。鳞茎可用40～45℃温水浸泡1.5 h消毒。发病初期喷洒75%百菌清可湿性粉剂500～600倍液，或64%噁霜灵·代森锰锌可湿性粉剂400～600倍液，或50%克菌丹可湿性粉剂400～600倍液，或58%甲霜灵·代森锰锌可湿性粉剂500倍液，或47%春雷霉素·氧氯化铜可湿性粉剂600～800倍液，或50%异菌脲可湿性粉剂1 500倍液，均匀喷雾，视病情间隔7～10 d喷1次。

七十四、大蒜细菌性软腐病

分布与为害

大蒜细菌性软腐病是大蒜上常见病害之一，各菜区均有发生，主要为害露地栽培的大蒜，雨水多的年份为害严重。发病重时常造成叶片枯死（图1），甚至整株枯死，直接影响产量。

图 1　大蒜细菌性软腐病大田症状

症状特征

大蒜染病后，先从叶缘或中脉发病，沿叶缘或中脉形成黄白色条斑，可贯穿整个叶片（图2），湿度大时，病部呈黄褐色软腐状。一般脚叶先发病，后逐渐向上部叶片扩展，致全株枯黄或死亡。

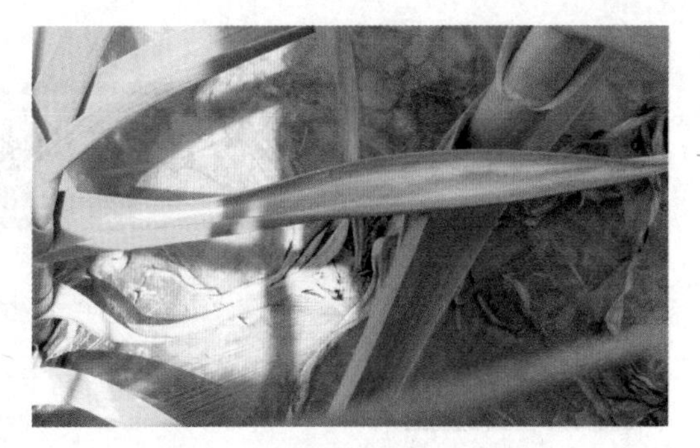

图2　大蒜细菌性软腐病叶部症状

发生规律

病菌主要在遗落土中尚未腐烂的病残体上存活越冬，在田间借雨水、灌溉水从大蒜植株的伤口或自然孔口侵入，尤其在早播、排水不良或生长过旺的田块发病重。发病严重时常造成叶片枯死，甚至整株枯死，直接影响产量。

防治措施

发病初期开始喷洒14%络氨铜水剂200～400倍液，或77%氢氧化铜可湿性粉剂800～1 000倍液，或30%琥胶肥酸铜可湿性粉剂400～600倍液，或20%噻菌铜悬浮剂600～800倍液，或47%春雷霉素·氧氯化铜可湿性粉剂700倍液，或72%农用硫酸链霉素可溶性粉剂3 000～4 000倍液，隔7～10 d喷1次，视病情连续防治2～3次。

七十五、草莓白粉病

分布与为害

草莓白粉病是草莓上重要病害之一，特别是在保护地栽培的条件，由于温、湿度比较适宜该病的发生，发病比露地重。该病在草莓整个生长季节均可发生，苗期染病造成秧苗移栽不易成活，果实染病后严重影响草莓品质，导致成品率下降。在适宜条件下，该病可迅速蔓延成灾，损失严重。

症状特征

图 1　草莓白粉病病叶

该病害主要为害叶、叶柄、花、花梗及果实。叶片染病，于叶背面出现白色粉状物，后致叶片坏疽或幼叶上卷（图1）；花、花蕾染病，花瓣呈粉红色，花蕾不能开放；果实染病，幼果不能正常膨大，干枯，若后期受害，果面上覆白色粉状物，随着病情加重，果实失去光泽并硬化，着色变差（图2）。

图2　草莓白粉病病果

发生规律

草莓白粉病为真菌病害。病原菌是专性寄生菌，以菌丝或分生孢子在病株或病残体中越冬或越夏，成为翌年的初侵染源。环境适宜时，病菌借气流或雨水传播落在寄主叶片上，从叶片表皮侵入，附生在叶面上，病菌侵染适温为15～30 ℃，相对湿度80%以上。种植在塑料棚、温室或田间的草莓，湿度大利于其流行，低温也可发病，尤其当高温干旱与高温、高湿交替出现，又有大量病源时易大流行。

防治措施

1.农业防治　选用抗病品种。

2.物理防治　采用27%高脂膜乳剂80～100倍液，于发病初期喷洒在叶片上，形成一层薄膜，不仅可防止病菌侵入，还可造成缺氧条件使病菌死亡。一般隔5～6 d喷1次，连续防治3～4次。

3.化学防治 发病初期喷洒4%四氟醚唑水乳剂800～1 000倍液，或50%醚菌酯水分散粒剂4 000～5 000倍液，或15%三唑酮可湿性粉剂1 500倍液，或30%氟菌唑可湿性粉剂1 500～2 000倍液，或40%氟硅唑乳油9 000倍液。棚室栽培可采用烟雾法，即用硫黄熏烟消毒，定植前几天，将草莓棚密闭，每100 m^3空间用硫黄粉250 g、锯末500 g掺匀后，分别装入小塑料袋分放在室内，于晚上点燃熏一夜；也可用45%百菌清烟剂每亩地200～250 g，分放在棚内4～5处，用香或卷烟点燃发烟时闭棚，第二天早晨通风。采收前7 d停止用药。

七十六、草莓灰霉病

分布与为害

草莓灰霉病为草莓主要病害。分布广泛，发生普遍，北方主要在保护地发生，南方露地也可发病。该病的发生常造成花及果实腐烂，感病品种病果率在30%左右，严重的可达60%以上，对草莓的产量、品质影响很大。

症状特征

草莓灰霉病主要为害花、叶和果实，也侵害叶片和叶柄。发病多从花期开始，病菌最初从将开败的花或较衰弱的部位侵染，使花呈浅褐色坏死腐烂，产生灰色霉层。叶多从基部老黄叶边缘侵入，形成“V”形黄褐色斑，或沿花瓣掉落的部位侵染，形成近圆形坏死斑，其上有不甚明显的轮纹，上生较稀疏灰霉。果实染病多从残留的花瓣或靠近或接触地面的部位开始，也可从早期与病残组织接触的部位侵入，初呈水渍状灰褐色坏死，随后颜色变深，果实腐烂，表面产生浓密的灰色霉层（图1）。叶柄发病，呈浅褐色坏死、干缩，其上产生稀疏灰霉。

图1　草莓灰霉病病果

发生规律

草莓灰霉病为真菌病害。病菌以菌丝、菌核及分生孢子在病残体上越冬或越夏。翌春菌核萌发，产生菌丝和分生孢子，借气流、雨水或农事操作等传播。病菌发育适温为18～23 ℃，最高为30～32 ℃，最低为4 ℃，最适相对湿度为92%～95%。低温、高湿有利于病害发生与流行。

防治措施

1.农业防治　选用抗病品种；注意选择茬口，最好与禾本科作物实行2～3年轮作；定植前深耕，可减少菌源，提倡高畦栽培，注意排水降湿；发现植株过密，应及早分棵，注意摘除病果和老叶，防止传播蔓延。

2.化学防治　防治方法同黄瓜灰霉病。

第二部分 蔬菜害虫

一、蚜虫

分布与为害

蚜虫为害在全国各地均有发生。蚜虫以刺吸式口器吸食蔬菜汁液。其繁殖力强，又群聚为害，常造成叶片卷缩变形、植株生长不良，影响包心或结球，造成减产。为害留种植株的嫩茎、嫩叶、花梗和嫩荚，使花梗扭曲畸形，不能正常抽薹、开花、结实，并因大量排泄蜜露、蜕皮而污染叶面，降低蔬菜商品价值。此外，蚜虫传播多种病毒病，造成的为害远远大于蚜害本身。

形态特征

1.桃蚜　桃蚜呈黄绿色与红褐色。

（1）无翅胎生雌蚜：体长2.6 mm，宽1.1 mm。体淡色，头部深色，体表粗糙，但背中域光滑。额瘤显著，中额瘤微隆。触角长2.1 mm，腹管长筒形，端部黑色，长为尾片的2.3倍。尾片黑褐色，圆锥形，近端部1/3收缩，有曲毛6～7根（图1）。

图1　桃蚜

（2）有翅胎生雌蚜：头、胸黑色，腹部

淡色。腹部第4～6节背中融合为一块大斑，第2～6节各有大型缘斑，第8节背中有一对小突起。

2.萝卜蚜 萝卜蚜呈绿色至黑绿色，被薄粉。

（1）有翅胎生雌蚜：头、胸黑色，腹部绿色。第1～6腹节各有独立缘斑，腹管前后斑愈合，第1节背面中部有一条窄横带，第5节有小型中斑，第6～8节各有横带，第6节横带不规则。

（2）无翅胎生雌蚜：体长2.3 mm，宽1.3 mm，绿色或黑绿色，被薄粉。表皮粗糙，有菱形网纹。腹管长筒形，顶端收缩，长为尾片的1.7倍。尾片有长毛4～6根。

3.甘蓝蚜

（1）有翅胎生雌蚜：体长约2.2 mm，头、胸部黑色，复眼赤褐色。腹部黄绿色，有数条不很明显的暗绿色横带，两侧各有5个黑点，全身覆有明显的白色蜡粉。无额瘤。腹管很短，远比触角第5节短，中部稍膨大。

（2）无翅胎生雌蚜：体长2.5 mm左右，全身暗绿色，被有较厚的白蜡粉，复眼黑色，无额瘤。腹管短于尾片；尾片近似等边三角形，两侧各有2～3根长毛。

4.瓜蚜

（1）无翅胎生雌蚜：体长1.5～1.9 mm，夏季黄绿色，春、秋季墨绿色。体表被薄蜡粉，尾片两侧各具毛3根（图2）。雄蚜体长1.3～1.9 mm，狭长卵形，有翅，绿色、灰黄色或赤褐色。

图2 瓜蚜

（2）有翅胎生雌蚜：体长1.2～1.9 mm，黄色、浅绿色或深绿色。头胸大部分为黑色，腹部两侧有3～4对黑斑，触角短于身体。若蚜共4

龄，体长0.5 ~ 1.4 mm，形如成蚜，复眼红色，体被蜡粉，有翅若蚜2龄现翅芽。

（3）有翅性母蚜：有翅、体黑色、腹部微带绿色。产卵雌蚜有翅、体长1.4 mm，草绿色，透过表皮可看腹中的卵。卵长约0.5 mm，椭圆形，初产时橙黄色，后变黑色。干母体长1.6 mm，卵圆形，暗绿色至黑色，无翅。

发生规律

桃蚜属乔迁式蚜虫，可为害350种植物。萝卜蚜、瓜蚜、甘蓝蚜属留守式蚜虫，即终年生活在一种或近缘的寄主植物上。

1.桃蚜 年发生10代，世代重叠极为严重，以无翅胎生雌蚜在风障菠菜、窖藏白菜或温室内越冬，或在菜心里产卵越冬。在加温温室内，终年在蔬菜上胎生繁殖，不越冬。翌春4月下旬产生有翅蚜，迁飞至已定植的甘蓝、花椰菜上继续胎生繁殖，至10月下旬进入越冬。靠近桃树的亦可产生有翅蚜飞回桃树交配产卵越冬。桃蚜发育起点温度为4.3 ℃，有效积温为137日度。在9.9℃下发育历期24.5 d，25 ℃为8 d；发育最适温为24 ℃，高于28 ℃则不利于其发育，春、秋季呈两个发生高峰期。桃蚜对黄色、橙色有强烈的趋性，而对银灰色有负趋性。

2.萝卜蚜 喜欢在叶面多毛而蜡质少的十字花科蔬菜上为害。年发生10余代。在蔬菜上产卵越冬。在温室中，终年以无翅胎生雌蚜繁殖，无显著越冬现象；翌春3 ~ 4月孵化为干母，在越冬寄主上繁殖几代后，产生有翅蚜，向其他蔬菜上转移，扩大为害。到晚秋，部分产生性蚜，交配产卵越冬。萝卜蚜的适温比桃蚜稍广些，在较低温的情况下，萝卜蚜发育快。此外，寄主虽然以十字花科为主，但尤喜白菜、萝卜等中直有毛的蔬菜，以秋季在白菜、萝卜上的发生最为严重。

3.甘蓝蚜 年发生10余代，以卵在蔬菜上越冬。翌春4月孵化，先在越冬寄主嫩芽上胎生繁殖，而后产生有翅蚜迁飞至已经定植的甘蓝、花椰菜苗上，继续胎生繁殖为害，以春末夏初及秋季最重。10月初产生性蚜，交尾产卵于留种或贮藏的菜株上越冬。少数成蚜和若蚜也可在菜窖中越冬。甘蓝蚜的发育起点温度为4.3℃，有效积温为112.6日度。繁殖的适温为16～17 ℃，低于14℃或高于18 ℃，产仔数均趋于减少；此外，对寄主选择上，偏嗜叶面光滑无毛的甘蓝、花椰菜类，所以在春、秋两茬大面积栽培时，甘蓝蚜也在春、秋两季形成两次发生高峰。

4.瓜蚜 年发生10余代，以卵在寄主上越冬或以成蚜、若蚜在温室内蔬菜上越冬或继续繁殖。春季气温达6 ℃以上时开始活动，在越冬寄主上繁殖2～3代后，于4月底产生有翅蚜迁飞到露地蔬菜上繁殖为害，直至秋末冬初又产生有翅蚜迁入保护地，可产生雄蚜与雌蚜交配产卵越冬。春、秋季10余天完成1代，夏季4～5 d 1代，每雌可产若蚜60余头。繁殖适温为16～20 ℃，超过25 ℃，相对湿度达75%以上，不利于瓜蚜繁殖。露地以6～7月中旬虫口密度最大，为害最重，7月中旬以后，因高温高湿和降雨冲刷，不利于瓜蚜生长发育，为害程度也减轻。

四种蚜虫在保护地每年可发生10余代，在具备繁殖的条件下可周年发生并为害，无滞育现象。在露地以成蚜或卵在过冬蔬菜上或桃树上越冬。一般在春、秋两季各有一个发生高峰。

防治措施

防治蚜虫宜及早用药，将其控制在点片发生阶段。

1.农业防治 蔬菜收获后及时清理田间残株败叶，铲除杂草。

2.物理防治 利用蚜虫对黄色有较强趋性的原理，在田间设置黄板，上涂机油或其他黏性剂，吸引蚜虫并杀灭；利用蚜虫对银灰色有负趋性的原理，在田间悬挂或覆盖银灰膜，每亩用膜5 kg，在大棚周围挂银灰色薄膜条（10～15 cm宽），每亩用膜1.5 kg，驱避蚜虫，在播种或定植前就要设置好；利用银灰色遮阳网、防虫网覆盖栽培。

3.化学防治 保护地熏烟，于傍晚每亩地用22%敌敌畏烟剂

300～400 g，分散放3～4堆，用暗火点燃，冒烟后闭棚至第二天早晨。也可选用10%吡虫啉可湿性粉剂2 500～3 000倍液，或1.5%阿维菌素水剂2 000～3 000倍液，或2.5%溴氰菊酯乳油1 500～3 000倍液，或5%啶虫脒乳油3 000～4 000倍液，或5%高效氯氰菊酯·啶虫脒乳油1 500～2 000倍液喷雾防治蚜虫。

二、茶黄螨

分布与为害

茶黄螨是为害蔬菜较重的害螨之一，分布在大部分蔬菜区，食性极杂，主要为害黄瓜、茄子、番茄、辣椒、马铃薯、芹菜、木耳菜、萝卜，以及瓜类、豆类等蔬菜。茶黄螨以成螨和幼螨集中在蔬菜幼嫩部分刺吸为害。受害叶片背面呈灰褐色或黄褐色，油渍状，叶片边缘向下卷曲；受害嫩茎、嫩枝变黄褐色，扭曲变形，严重时植株顶部干枯（图1、图2）；果实受害果皮变黄褐色。茄子果实受害后，呈开花馒头状。主要在夏、秋两季露地发生。

图 1　茶黄螨为害辣椒植株

图 2　辣椒顶部茶黄螨为害状

形态特征

雌螨：长约0.21 mm，椭圆形，较宽阔，腹部末端平截，淡黄色至橙黄色，表皮薄而透明，因此螨体呈半透明状。体背部有一条纵向白带。足较短，第4对足纤细，其跗节末端有端毛和亚端毛。腹面后足体部有4对刚毛。假气门器官向后端扩展。

雄螨：长约0.19 mm。前足体有3～4对刚毛，腹面后足体有4对刚毛。足较长而粗壮，第3、4对足的基节相接。第4对足胫、跗节细长，向内侧弯曲，远端1/3处有一根特别长的鞭状毛，爪退化为纽扣状。

卵：椭圆状，无色透明，表面具纵列瘤状突起。

幼螨：近椭圆形，淡绿色。足3对，体背有一条白色纵带，腹末端有1对刚毛。若螨长椭圆形，外面罩着幼螨的表皮（图3）。

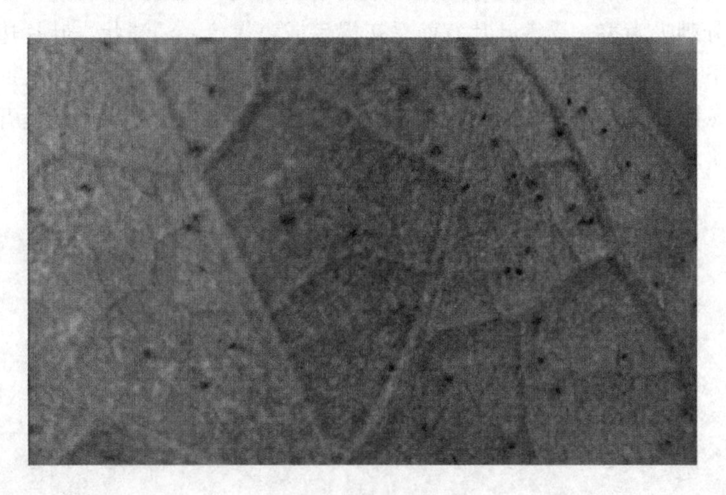

图3　辣椒叶背茶黄螨

发生规律

在温室条件下，全年都可发生，每年可发生很多代，但冬季繁殖能力较低。大棚内自5月下旬开始发生，6月下旬至9月中旬为盛发期，露地蔬菜以7～9月受害重，茄子受害发生裂果的高峰在8月中旬至9月上旬。冬季主要在温室内越冬，少数雌成螨可在冬作物或杂草根部越冬。以两性生殖为主，也能进行孤雌生殖，但未受精的卵孵化率低。卵散产于嫩叶背面、幼果凹处或幼芽上，经2～3 d孵化，幼螨期2～3 d，若螨期2～3 d。茶黄螨发育繁殖的最适温度为16～23 ℃，相对湿度为80%～90%。世代发育历期在28～30 ℃，4～5 d；在18～20 ℃，7～10 d。成螨活泼，尤其是雄螨。当取食部位变老时，立即向新的幼嫩部位转移并携带雌若螨，雌若螨在雄螨体上蜕一次皮变为成螨后，即与雄螨交配，并在幼嫩叶上定居下来。卵和幼螨对湿度要求高，只有在相对湿度达80%以上才能发育，因此温暖多湿的环境有利于茶黄螨的发生。茶黄螨的传播蔓延除靠自身爬行外，借助风力及人为携带是远距离传播的主要途径。

防治措施

1.农业防治　清除渠埂、田间及周围杂草，前茬蔬菜收获后要及早拉秧，彻底清除田间的落果、落叶和残枝，并集中焚烧，同时深翻耕地，压低越冬螨虫口基数；温室育苗期间防止螨源带入；控制温室内湿度在80%以下，可抑制茶黄螨卵及幼螨发育。

2.化学防治　茶黄螨生活周期较短，繁殖力极强，应特别注意早期防治，田间发现株寄生率达到5%以上要及时喷药控制。可选用24%虫螨腈悬浮剂2 000～2 500倍液，或2.5%联苯菊酯乳油3 000倍液，或1.8%阿维菌素乳油3 000～4 000倍液喷雾，每隔10 d喷洒1次，连续防治2～3次。药剂要重点喷洒到植株上部的幼嫩部位，如嫩叶背面、嫩茎、花器、幼果等。

三、叶螨

分布与为害

叶螨俗称红蜘蛛。叶螨为害在全国各地均有发生。在生产上造成为害较重的种类是朱砂叶螨、二斑叶螨、截形叶螨、山楂叶螨等。叶螨体形微小，主要为害叶片，常以若螨和成螨群聚叶背吸取汁液，使叶片呈灰白色或枯黄色细斑，严重时叶片干枯脱落（图1、图2）。也为害嫩梢、花蕾和果实。虫口数量急剧增加后常造成植株生长受抑制甚至枯死。被害作物往往稍矮，品质和产量明显下降。

图 1　叶螨为害茄子叶

图 2　叶螨严重为害番茄造成干枯

形态特征

1.朱砂叶螨　雌螨体长0.48 mm，体宽0.33 mm，椭圆形，锈红色或深红色，肤纹突三角形至半圆形，在身体两侧各具一倒“山”字形黑斑，体末端圆，呈卵圆形。雄螨体长0.36 mm，体宽0.2 mm，体色常为绿色或橙黄色，较雌螨略小，体后部尖削。卵圆形，初产为乳白色，后期呈乳黄色，产于丝网上。

2.二斑叶螨　雌成螨体长0.42～0.59 mm，椭圆形，体背有刚毛26根，排成6横排。生长季节为白色、黄白色，体背两侧各具1块黑色长斑，取食后呈浓绿色、褐绿色；当密度大，或种群迁移前体色变为橙黄色。在生长季节绝无红色个体出现，这是与朱砂叶螨的最大区别。滞育型体呈淡红色，体侧无斑。雄成螨体长0.26 mm，近卵圆形，前端近圆形，腹末较尖，多呈绿色，与朱砂叶螨难以区分。卵为球形，长0.13 mm，光滑，初产为乳白色，渐变橙黄色，将孵化时现出红色眼点。幼螨在初孵时近圆形，体长0.15 mm，白色，取食后变暗绿色，眼红色，足3对。若螨期，前期若螨体长0.21 mm，近卵圆形，足4对，色变深，体背出现色斑；后期若螨体长0.36 mm，与成螨相似。与朱砂叶螨仅有下列区别：①体色为淡黄色或黄绿色；②后半体的肤纹突呈较宽阔的半圆形；③卵初产时为白色；④雌螨有滞育。

3.截形叶螨　雌螨体长0.44 mm，体宽0.31 mm，椭圆形，深红色，足及颚体白色，体侧有黑斑。雄螨体长0.37 mm，体宽0.19 mm。

发生规律

1.朱砂叶螨　年发生10～20代，以雌成虫在杂草、枯枝落叶及土缝中越冬，翌春气温达10 ℃以上时即开始大量繁殖。3～4月先在杂草或其他寄主上取食，4月下旬至5月上中旬迁入菜田，先是点片发生，而后扩散至全田。成螨羽化后即交配，第二天即可产卵，每只雌螨能产卵50～110粒，多产于叶背。卵期在15 ℃为13 d，20 ℃为6 d，22 ℃为4 d，

24 ℃为3～4 d，29 ℃为2～3 d。由卵孵化出的1龄幼虫仅具3对足，2龄及3龄幼虫均具4对足（雄性仅2龄）。朱砂叶螨亦可孤雌生殖，其后代多为雄性。幼虫和前期若虫不甚活动，后期若虫则活泼贪食，有向上爬的习性，先为害下部叶片，而后向上蔓延。繁殖数量过多时，常在叶端群集成团，滚落地面，被风刮走，向四周爬行扩散。朱砂叶螨发育起点温度为7.7～8.8 ℃，最适温度为29～31 ℃，最适相对湿度为35%～55%，因此高温低湿的6～8月为害重，尤其干旱年份易于大发生。但温度达30 ℃以上和相对湿度超过70%时，不利于其繁殖，暴雨对其发生有抑制作用。

2.二斑叶螨　年发生12～15代。以受精的雌成虫在土缝、枯枝落叶下或小旋花、夏至草等宿根性杂草的根际等处吐丝结网潜伏越冬。在树木上则在树皮下、裂缝中或在根茎处的土中越冬。当3月份平均温度达10 ℃左右时，越冬雌虫开始出蛰活动并产卵。越冬雌虫出蛰后多集中在早春寄主如小旋花、葎草以及菊科、十字花科等杂草和草莓上为害，第一代卵也多产在这些杂草上，卵期10余天。成虫开始产卵至第1代幼虫孵化盛期需20～30 d，以后世代重叠。在早春寄主上一般发生1代，于5月上旬后陆续迁移到蔬菜上为害。由于温度较低，5月一般不会造成大的为害。随着气温的升高，其繁殖也加快，在6月上中旬进入全年的猖獗为害期，于7月上中旬进入年中高峰期。二斑叶螨营两性生殖，受精卵发育为雌虫，未受精卵发育为雄虫。每雌可产卵50～110粒，最多可产卵216粒。喜群集叶背主脉附近并吐丝结网，于网下为害，大发生或食料不足时常千余头群集于叶端成一虫团。

3.截形叶螨　年发生10～20代，以雌螨在枯枝落叶或土缝中越冬。早春气温达10 ℃以上时，越冬成螨即开始大量繁殖，多于4月下旬至5月上中旬迁入菜田，先是点片发生，随即向四周迅速扩散。在植株上，先为害下部叶片，然后向上蔓延，繁殖数量过多时，常在叶端群集成团，滚落地面，被风刮走，扩散蔓延。发育起点温度为7.7～8.8 ℃，最适温度为29～31 ℃，相对湿度为35%～55%，相对湿度超过70%时不利于其繁殖。高温低湿则发生严重，所以6～8月为害严重。

防治措施

1.农业防治 铲除田边杂草，清除残株败叶，可消灭部分虫源和早春寄主；天气干旱时，注意灌溉，增加菜田湿度，不利于其发育繁殖。

2.化学防治 大发生情况下，主要采取化学防治，可以采用21%氰戊菊酯·马拉硫磷乳油2 000～4 000倍液，或20%甲氰菊酯乳油2 000倍液，或2.5%高效氯氟氰菊酯乳油4 000倍液，或2.5%联苯菊酯乳油3 000倍液，或24%虫螨腈悬浮剂2 000～3 000倍液，或1.8%阿维菌素乳油2 000倍液喷雾，每隔10 d喷洒1次，连续防治2～3次。

四、蓟马

分布与为害

蓟马是一种靠取食植物汁液为生的昆虫，在我国广泛分布，在生产上为害较重的种类有瓜蓟马、葱蓟马等。蓟马以成虫和若虫锉吸植株幼嫩组织（枝梢、叶片、花、果实等）汁液，被害的嫩叶、嫩梢变硬卷曲枯萎，植株生长缓慢，节间缩短；被害的幼嫩果实会硬化，严重时造成落果，影响产量和品质（图1）。瓜蓟马主要为害各种瓜类作物及茄子等。葱蓟马寄主范围广泛，达30种以上，主要受害的作物有葱、洋葱、大蒜等百合科蔬菜和葫芦科、茄科蔬菜及棉花等。茄子受害时，叶脉变黑褐色，发生严重时，影响植株生长。大葱受害时在葱叶上形成许多长形黄白斑纹，严重时，葱叶扭曲枯黄（图2）。

图 1　蓟马为害辣椒花

图 2　葱蓟马在大葱上为害状

形态特征

蓟马为小型昆虫，锉吸式口器。蓟马全生育阶段分卵、若虫、成虫三个阶段，属不完全变态类型。

1.瓜蓟马 体长约1 mm，金黄色，头近方形，复眼稍突出，单眼3只，红色，排成三角形，单眼间鬃位于单眼三角形连线外缘，触角7节，翅2对，周围有细长的缘毛，腹部扁长。卵长0.2 mm，长椭圆形，淡黄色。若虫黄白色，3龄，复眼红色。年发生10～12代，世代重叠。

2.葱蓟马 又称烟蓟马、棉蓟马，体形较大，体长1.2～1.4 mm，体色自浅黄色至深褐色不等。触角7节。翅狭长，翅脉稀少，翅的周缘具长缨毛。若虫共4龄。年发生6～10代，世代重叠。

发生规律

1.瓜蓟马 其成虫活泼、善飞、怕光，有趋嫩绿的习性，白天一般集中在嫩梢或幼瓜的毛丛中取食，少数在叶背为害。雌成虫主要行孤雌生殖，偶尔进行两性生殖。卵散产于叶肉组织内。若虫也怕光，到3龄末期停止取食，落入表土“化蛹”，卵期2～9 d，若虫期3～11 d，“蛹期”3～12 d，成虫寿命6～25 d，发育适温为15～32 ℃，2 ℃仍能生存，但骤然降温易死亡。土壤含水量在8%～18%时，“化蛹”和羽化率都高。

2.葱蓟马 在25～28 ℃下，葱蓟马的卵期5～7 d，幼虫期（1～2龄）6～7 d，前蛹期2 d，“蛹期”3～5 d。成虫寿命8～10 d。雌虫可行孤雌生殖，每雌平均产卵约50粒，卵产于叶片组织中，2龄若虫后期，常转向地下，在表土中经历“前蛹”及“蛹期”。以成虫越冬为主，也有若虫在葱叶鞘内侧、土块下、土缝内或枯枝落叶中越冬，还有少数以“蛹”在土中越冬。成虫极活跃，善飞，怕阳光，早、晚或阴天取食强。初孵幼虫集中在葱叶基部为害，稍大即分散。在25 ℃和相对湿度60%以下时，有利于葱蓟马发生，高温、高湿则对其不利，暴风雨可降低发生数量，一年中以4～5月为害最重。

因蓟马具有繁殖速度快、易发生成灾的特点，应加强田间观察，掌握发生动态，采取有力措施进行综合治理，在害虫初发期及时喷药防治。

防治措施

1.农业防治　早春清除田间杂草和枯枝残叶，集中烧毁或深埋，消灭越冬成虫和若虫。加强肥水管理，促使植株生长健壮。

2.物理防治　利用蓟马对蓝色有强烈趋性，在田间设置蓝色粘板，诱杀成虫，粘板高度与作物持平。

3.化学防治　可选择10%多杀霉素悬浮剂2 500～3 500倍液，或6%乙基多杀菌素悬浮剂3 000～6 000倍液，或24%虫螨腈悬浮剂2 000～3 000倍液，或10%吡虫啉可湿性粉剂1 000倍液喷雾，隔7～10 d喷1次，连续防治2～3次。

五、温室白粉虱

分布与为害

白粉虱分布广泛，为害严重，现在几乎遍布全国。成虫和若虫吸食植物汁液，被害叶片褪绿、变黄、萎蔫，甚至全株枯死，此外，由于其繁殖力强，繁殖速度快，种群数量庞大，群集为害，并分泌大量蜜液，严重污染叶片和果实，往往引起煤污病的大发生，使蔬菜失去商品价值。除为害番茄、青椒、茄子、马铃薯等茄科作物外，也为害黄瓜、菜豆等蔬菜。

形态特征

成虫：体长1～1.5 mm，淡黄色。翅面覆盖白蜡粉，停息时两翅合拢平覆在腹部上，通常腹部被遮盖，翅脉简单，沿翅外缘有一排小颗粒（图1）。

图1　温室白粉虱成虫

卵：长约0.2 mm，侧面观呈长椭圆形，基部有卵柄，柄长0.02 mm，从叶背的气孔插入植物组织中，初产淡绿色，覆有蜡粉，而后渐变褐色，孵化前呈黑色。

若虫：1龄若虫体长约0.29 mm，2龄约0.37 mm，3龄约0.51 mm，长椭圆形，淡绿色或黄绿色，足和触角退化，紧贴在叶片上营固着生活。

伪蛹：4龄若虫又称伪蛹，体长0.7 ~ 0.8 mm，椭圆形，初期体扁平，逐渐加厚呈蛋糕状（侧面观），中央略高，黄褐色，体背有长短不齐的蜡丝，体侧有刺（图2）。

图2 温室白粉虱成虫及若虫

发生规律

在温室一年可发生10余代，以各虫态在温室越冬并继续为害。成虫羽化后1 ~ 3 d可交配产卵，平均每雌产卵142.5粒。也可进行孤雌生殖，其后代为雄性。成虫有趋嫩性，在寄主植物打顶以前，成虫总是随着植株的生长不断追逐顶部嫩叶产卵，因此在作物上自上而下温室白粉虱的分布为新产的绿卵、变黑的卵、初龄若虫、老龄若虫、伪蛹、新羽化成虫。温室白粉虱卵以卵柄从气孔插入叶片组织中，与寄主植株保持水分平衡，极不易脱落。若虫孵化后3 d内在叶背可做短距离游走，当口器插入叶组织后就失去了爬行的功能，开始营固着生活。温室白粉虱发育历期在18 ℃为31.5 d，24 ℃为24.7 d，27 ℃

为22.8 d。各虫态发育历期，在24 ℃时，卵期7 d，1龄5 d，2龄2 d，3龄3 d，伪蛹8 d。繁殖的适温为18～21 ℃，在温室条件下，约1个月完成1代。温室白粉虱冬季在温室中越冬，翌年通过菜苗定植移栽时转入大棚或露地，或趁温室开窗通风时迁飞至露地。温室白粉虱的种群数量由春季至秋季持续发展，夏季的高温多雨抑制作用不明显，到秋季数量达高峰。

防治措施

1.农业防治　提倡温室第一茬种植温室白粉虱不喜食的芹菜、蒜苗等较耐低温的作物，而减少黄瓜、番茄的种植面积。培育“无虫苗”，把苗房和生产温室分开，育苗前彻底熏杀残余的温室白粉虱，清理杂草和残株，在通风口密封尼龙纱，有条件的可用40目的防虫网控制外来虫源；生产中摘除的枝杈、枯老叶要及时处理掉。

2.物理防治　温室白粉虱对黄色有强烈趋性，可在温室内设置黄板诱杀成虫。在温室或露地开始可以悬挂3～5片诱虫板，以监测虫口密度，当诱虫板上虫量增加时，每亩地悬挂规格为25 cm × 30 cm的黄色诱虫板30片，或25 cm × 20 cm的黄色诱虫板40片，或视情况增加诱虫板数量。悬挂高度以黄板下端高于植株顶部15～20 cm为宜，并随着植株的生长随时调整。在保护地内悬挂诱虫板应适当靠近北墙，距北墙1 m处诱虫效果较好。当诱虫板上粘的害虫数量较多时，用钢锯条或木竹片及时将虫体刮掉，之后需及时重涂黏油，可重复使用。黄板诱杀可与释放丽蚜小蜂等协调运用。

3.化学防治　由于温室白粉虱世代重叠，在同一时间同一作物上存在各种虫态，而当前药剂没有对所有虫态皆有效的种类，所以采用药剂防治法必须连续几次用药。

（1）喷雾法：可选用99%矿物油乳油200～300倍液，或3%啶虫脒乳油1 500～2 000倍液，或25%吡蚜酮悬浮剂2 500～4 000倍液，或25%噻虫嗪水分散粒剂2 500～4 000倍液，或24%螺虫乙酯悬浮剂2 000～3 000倍液，或1.8%阿维菌素乳油1 500～3 000倍液，或1%甲氨基阿维菌素苯甲酸盐乳油2 000倍液，或2.5%联苯菊酯乳油1 500 ~ 3 000倍液，对叶片正反两面均匀喷雾，喷药时间最好在早晨露水未干时进行。

（2）熏烟法：可每亩用22%敌敌畏烟剂300 ~ 400 g，或用3%高效氯氰菊酯烟剂250 ~ 350 g，或用20%异丙威烟剂200 ~ 300 g，傍晚点燃闭棚12 h。

此外，由于温室白粉虱繁殖迅速易于传播，在一个地区范围内应采取联防联治，可以提高防治效果。

六、美洲斑潜蝇

分布与为害

全国20多个省（市）、自治区均有美洲斑潜蝇为害发生。成虫、幼虫均可为害黄瓜、豆角、番茄等多种作物，雌成虫通过飞翔把植物叶片刺伤，进行取食和产卵，幼虫潜入叶片和叶柄为害，产生不规则蛇形白色虫道，叶绿素被破坏，影响光合作用，受害重的叶片干枯脱落，造成花芽、果实被灼伤，严重的造成毁苗。美洲斑潜蝇发生初期虫道呈不规则线状伸展，虫道终端常明显变宽而区别于番茄斑潜蝇（图1、图2）。

图 1　美洲斑潜蝇为害番茄叶

图 2　美洲斑潜蝇为害黄瓜叶

形态特征

成虫：体长1.3～2.3 mm，浅灰黑色，胸背板亮黑色，体腹面黄色，雌成虫体比雄虫大（图3）。

卵：米色，半透明，大小为（0.2～0.3）mm×（0.1～0.15）mm。

幼虫：蛆状，初无色，后变为浅橙黄色至橙黄色，长3 mm，后气门突呈圆锥状突起，顶端三分叉，各具一个开口（图4）。

蛹：椭圆形，橙黄色，腹面稍扁平，大小为（1.7～2.3）mm×（0.5～0.7）mm（图5）。

图3　美洲斑潜蝇成虫

美洲斑潜蝇形态与番茄斑潜蝇极相似，美洲斑潜蝇成虫胸背板亮黑色，外顶鬃常着生在黑色区上，内顶鬃着生在黄色区或黑色区上，蛹后气门3孔。而番茄斑潜蝇成虫内、外顶鬃均着生在黑色区，蛹后气门7～12孔。

图4　美洲斑潜蝇幼虫

图5　美洲斑潜蝇蛹

发生规律

成虫以产卵器刺伤叶片，吸食汁液，雌虫把卵产在叶表皮下，卵经2～5 d孵化，幼虫期4～7 d，末龄幼虫咬破叶表皮在叶外或土表下化蛹，蛹经7～14 d羽化为成虫，夏季2～4周完成1代，冬季6～8周完成1代，世代短，繁殖能力强。

防治措施

美洲斑潜蝇抗药性发展迅速，具有抗性水平高的特点，给防治带来很大困难，因此，应引起各地的普遍重视。

1.农业防治　及时清洁田园，把被美洲斑潜蝇为害作物的残体集中进行深埋、沤肥或烧毁。在美洲斑潜蝇为害重的地区，要考虑蔬菜布局，把其嗜好的瓜类、茄果类、豆类与其不为害的作物进行套种或轮作，适当疏植，增加田间通透性。

2.物理防治　采用灭蝇纸诱杀成虫，在成虫始盛期至盛末期，每亩设置15个诱杀点，每个点放置1张灭蝇纸诱杀成虫，3～4 d更换1次。

3.化学防治　在受害作物叶片有幼虫5头时，掌握在2龄前(虫道很小时)喷洒20%阿维菌素·杀虫单微乳剂1 000～1 500倍液，或1.8%阿维菌素乳油1 500～3 000倍液，或50%灭蝇胺可湿性粉剂2 500～3 000倍液。防治时间掌握在成虫羽化高峰的8～12 h效果好。因其世代重叠，要连续防治，视虫情5～7 d喷 1次。

七、葱斑潜蝇

分布与为害

葱斑潜蝇又名葱潜叶蝇、韭菜潜叶蝇、肉蛆，分布广泛，凡有葱属植物栽培的地方几乎都有发生。主要为害葱、韭菜、洋葱、蒜、姜等蔬菜。幼虫在叶组织内蛀食成隧道，呈曲线状或乱麻状，影响作物生长（图1）。

图 1　葱斑潜蝇在大葱上为害状

形态特征

成虫：体长2 mm，头部黄色，头顶两侧有黑纹；复眼红黑色，周缘黄色；单眼三角区黑色；触角黄色，芒褐色；胸部黑色有绿晕，上被淡灰色粉，肩部、翅基部及胸背的两侧淡黄色；小盾片黑色，腹部黑色，各关节处淡黄色或白色；足黄色，基节基部黑色，胫节、跗节先端黑褐色；翅脉褐色，平衡棒黄色。

幼虫：体长4 mm，宽0.5 mm，淡黄色，细长圆筒形，尾端背面有后气门突1对（图2）；体壁半透明，内脏从外面隐约可见。

蛹：长2.8 mm，宽0.8 mm，褐色，圆筒形略扁，后端略粗。

图2　葱斑潜蝇幼虫

发生规律

以蛹越冬或越夏。成虫活泼，飞翔于葱株间或栖息于叶筒端。幼虫在叶组织中的隧道内能自由进退，并在叶筒内外迁移为害。成熟幼虫即在蛀道中化蛹。

防治措施

1.农业防治　加强肥水管理，使用充分腐熟的有机肥，增施磷、钾肥，适时灌溉，培育壮苗；发现受害叶片随时摘除，集中沤肥或掩埋；收获完毕及时彻底清除田间植株残体和杂草。

2.化学防治　可在成虫盛发期喷洒21%氰戊菊酯·马拉硫磷乳油6 000倍液；在幼虫为害期喷洒50%灭蝇胺可湿性粉剂2 000～3 000倍液，或1.8%阿维菌素水乳剂750～1 500倍液。

八、菜粉蝶

分布与为害

菜粉蝶（幼虫称菜青虫），在全国各地均有其为害发生。寄主植物有十字花科、菊科、茄科、苋科等9科35种，主要为害十字花科蔬菜，尤以甘蓝、花椰菜等受害比较严重。以幼虫食叶为害，2龄前只能啃食叶肉，留下一层透明的表皮；3龄后可蚕食整个叶片，轻则虫口累累，重则仅剩叶脉，影响植株生长发育和包心，造成减产（图1、图2）。此外，虫粪污染花菜球茎，降低商品价值。在白菜上，还能导致软腐病发生。

图2 菜青虫为害甘蓝

图1 菜青虫为害甘蓝大田症状

形态特征

成虫：体长12～20 mm，翅展45～55 mm；体灰黑色，翅白色，顶角灰黑色，雌蝶前翅有2个显著的黑色圆斑，雄蝶仅有1个显著的黑斑（图3）。

卵：瓶状，高约1 mm，宽约0.4 mm，表面具纵脊与横格，初乳白色，后变橙黄色（图4）。

幼虫：体青绿色，背线淡黄色，腹面绿白色，体表密布细小黑色毛瘤，沿气门线有黄斑。共5龄（图5）。

蛹：长18～21 mm，纺锤形，中间膨大而有棱角状突起，体绿色或棕褐色（图6）。

图3　菜粉蝶

图4　菜粉蝶卵

图5　菜青虫

图6　菜粉蝶蛹

发生规律

以蛹越冬，大多在菜地附近的墙壁屋檐下或篱笆、树干、杂草残株等处，一般选在背阳的一面。翌春4月初开始陆续羽化，边吸食花蜜边产卵，以晴暖的中午活动最盛。卵散产，多产于叶背，平均每雌产卵120粒左右。卵的发育起点温度8.4 ℃，有效积温56.4日度，发育历期4～8 d；幼虫的发育起点温度6 ℃，有效积温217日度，发育历期11～22 d；蛹的发育起点温度7 ℃，有效积温150.1日度，发育历期（越冬蛹除外）5～16 d；成虫寿命5 d左右。

菜粉蝶发育的最适温度为20～25 ℃，相对湿度为76%左右，与甘蓝类作物发育所需温、湿度接近，因此，在春、秋两茬甘蓝大面积栽培期间，菜粉蝶的发生形成春、秋两个高峰。夏季由于高温干燥及甘蓝类栽培面积的大量减少，菜粉蝶发生较轻。

防治措施

1.农业防治 清洁田园，十字花科蔬菜收获后，及时清除田间残株老叶和杂草，减少菜粉蝶繁殖场所和消灭部分蛹。

2.生物防治 保护利用广赤眼蜂、微红绒茧蜂、凤蝶金小蜂等天敌；或用16 000 IU/mg苏云金杆菌可湿性粉剂200～600倍液喷雾防治幼虫。

3.化学防治 幼虫发生盛期可选用40%辛硫磷乳油600～800倍液，或20%氰戊菊酯乳油2 000～3 000倍液，或2.5%溴氰菊酯乳油1 500～2 000倍液，或2.5%高效氯氟氰菊酯乳油1 500～2 000倍液，或15%茚虫威水分散粒剂5 000～7 000倍液，或0.3%苦参碱水剂300～400倍液，喷雾2～3次。

九、 小菜蛾

分布与为害

小菜蛾在全国各地普遍发生。主要为害甘蓝、白菜、油菜、萝卜等十字花科植物。初龄幼虫仅能取食叶肉，留下表皮，在菜叶上形成一个个透明的斑，3～4龄幼虫可将菜叶食成孔洞或缺刻，严重时全叶被吃成网状（图1）。在苗期常集中心叶为害，影响包心。在留种菜上，为害嫩茎、幼荚和籽粒，影响结实。

图 1　小菜蛾为害白菜

形态特征

成虫：灰褐色小蛾，体长6～7 mm，翅展12～15 mm，翅狭长，前翅后缘呈黄白色三度曲折的波纹，两翅合拢时呈三个接连的菱形斑（图2）。前翅缘毛长并翘起如鸡尾。

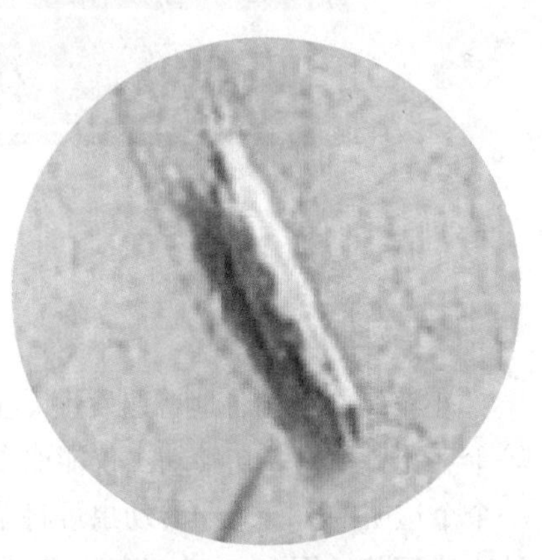
图2　小菜蛾成虫

卵：扁平，椭圆状，约0.5 mm × 0.3 mm，黄绿色。

幼虫：初孵幼虫深褐色，后变为绿色。老熟幼虫体长约10 mm，黄绿色，体节明显，两头尖细，腹部第4～5节膨大，故整个虫体呈纺锤形，并且臀足向后伸长（图3）。

蛹：长5～8 mm，黄绿色至赤褐色，肛门周缘有钩刺3对，腹末有小钩4对。茧薄如网（图4）。

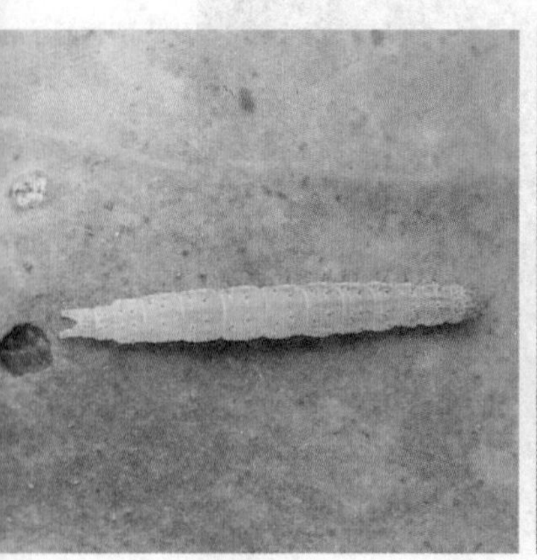
图3　小菜蛾幼虫

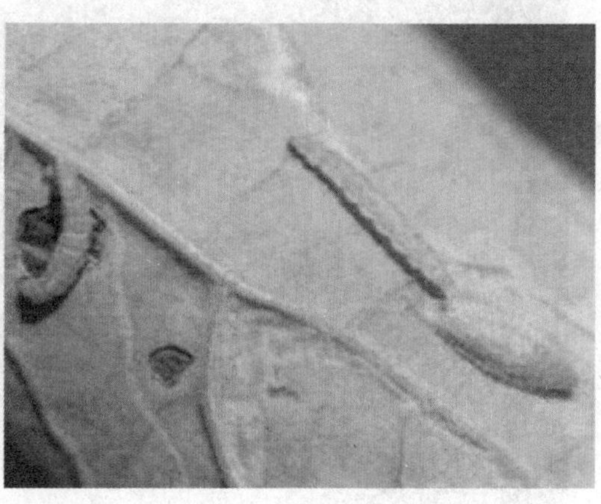
图4　小菜蛾幼虫及蛹

发生规律

以蛹在残株落叶、杂草丛中越冬，翌春5月羽化，成虫昼伏夜出，白天仅在受惊时在株间做短距离飞行。成虫产卵期可达10 d，平均每雌产卵100～200粒，卵散产或数粒在一起，多产于叶背脉间凹陷处。卵期3～11 d。幼虫共4龄，发育历期12～27 d。幼虫活跃，遇惊扰即扭动、倒退或翻滚落下。老熟幼虫在叶脉附近结薄茧化蛹，蛹期约9 d。小菜蛾的发育适温为20～30℃，在5～6月及8月呈两个发生高峰，以春季为害重。

防治措施

1.农业防治 合理布局，尽量避免小范围内十字花科蔬菜周年连作；对苗田加强管理，及时防治，避免将虫源带入田内；蔬菜收获后，要及时处理残株败叶或立即翻耕，可消灭大量虫源。

2.物理防治 小菜蛾有趋光性，在成虫发生期，集中连片田块可用频振式杀虫灯、高压汞灯、黑光灯诱杀小菜蛾，减少虫源。

3.生物防治 用16 000 IU/mg苏云金杆菌可湿性粉剂200～600倍液喷施防治幼虫。

4.化学防治 用2.5%多杀霉素悬浮剂1 000～2 500倍液，或0.5%甲氨基阿维菌素苯甲酸盐乳油2 000～3 000倍液，或1.8%阿维菌素乳油2 000～3 000倍液，或4.5%高效氯氰菊酯乳油1 000～2 000倍液，或6%阿维菌素·氯虫苯甲酰胺悬浮剂1 500～2 000倍液，或15%茚虫威水分散粒剂5 000～7 500倍液，或6%乙基多杀菌素悬浮剂1 500～3 000倍液喷雾。

十、棉铃虫

分布与为害

棉铃虫又名钻桃虫、钻心虫等，属鳞翅目夜蛾科，分布广，食性杂，可为害番茄、菜豆、豌豆等多种蔬菜（图1）。

棉铃虫幼虫可食叶、蛀蕾、蛀花、蛀果，但以蛀果为主。幼虫为害番茄，可蛀食番茄植株的蕾、花、果，偶尔也蛀茎，并且食害嫩茎、叶和芽。主要为害形式是蛀果，是番茄的大害虫。蕾受害后，苞叶张开，变成黄绿色，2～3 d后脱落。幼果常被吃空或引起腐烂而脱落，成果被蛀食部分果肉，蛀孔多在蒂部，雨水、病菌易侵入引起腐烂、脱落，造成严重减产。

图1　棉铃虫为害番茄果实

形态特征

成虫：体长15～20 mm，前翅颜色变化大，雌蛾多黄褐色，雄蛾多绿褐色，外横线有深灰色宽带，带上有7个小白点，肾形纹和环形纹暗褐色（图2）。

图2 棉铃虫成虫

卵：近半球形，初产时乳白色，近孵化时紫褐色。

幼虫：老熟幼虫体长40～45 mm，头部黄褐色，气门线白色，体背有十几条细纵线条，各腹节上有刚毛疣12个，刚毛较长。两根前胸侧毛（L_1、L_2)的连线与前胸气门下端相切，这是区分棉铃虫幼虫与烟青虫幼虫的主要特征。体色变化多，大致分为黄白色型、黄色红斑型、灰褐色型、土黄色型、淡红色型、绿色型、黑色型、咖啡色型、绿褐色型等9种类型（图3、图4）。

图3 棉铃虫幼虫钻蛀辣椒为害

图4 棉铃虫幼虫为害小白菜

蛹：长17～20 mm，纺锤形、黄褐色，5～7腹节前缘密布比体色略深的刻点，尾端有臀刺2个（图5）。

图5 棉铃虫蛹

发生规律

内蒙古、新疆1年发生3代，华北4代，长江以南5～6代，云南7代。以蛹在3～10 cm深的土中越冬。在华北4月中下旬气温15 ℃以上时开始羽化。1代主要为害小麦和春玉米等作物，2～4代主要在番茄、棉花、玉米、豆类、花生等作物上为害。成虫于夜间交配产卵，在番茄田95%的卵散产于番茄植株的顶尖至第四复叶层的嫩梢、嫩叶、果萼、茎基上，每头雌虫产卵100～200粒。初孵幼虫仅能啃食嫩叶尖及花蕾成凹点，一般在3龄开始蛀果，4～5龄转果蛀食频繁，6龄时相对减弱。早期幼虫喜食青果，近老熟时则喜食成熟果及嫩叶。1头幼虫可为害3～5果，最多8果。幼虫共6龄，少数5龄或7龄。老熟幼虫在3～9 cm表土层筑土室化蛹。棉铃虫属喜温喜湿性害虫，成虫产卵适温在23℃以上，20℃以下很少产卵；幼虫发育以25～28℃和相对湿度75%～90%最为适宜。成虫有趋光性，对半枯萎的杨树枝把有很强的趋性。幼虫有自残习性。

防治措施

1.农业防治 压低虫口密度，在产卵盛期结合整枝打杈，抹去嫩叶、嫩头上的卵，可有效地减少卵量，同时要注意及时摘除虫果，以压低虫口。在菜田种植玉米诱集带，能减少田间棉铃虫的产卵量，但应注意选用生育期与棉铃虫成虫产卵期吻合的玉米品种。冬耕冬灌，可消灭越冬蛹。

2.物理防治

（1）诱杀成虫：成虫发生期，集中连片应用频振式杀虫灯、450 W高压汞灯、20 W黑光灯、棉铃虫性诱剂诱杀成虫。

（2）诱集成虫：第2、3代棉铃虫成虫羽化期，可插萎蔫的杨树枝把诱集成虫，每亩10～15把，每天清晨日出之前集中捕杀成虫。

3.生物防治 棉铃虫寄生性天敌主要有姬蜂、茧蜂、赤眼蜂，捕食性天敌主要有瓢虫、草蛉、捕食蝽、胡蜂、蜘蛛等，病原微生物真菌、病毒等，对棉铃虫有显著的控制作用。

从第2代开始，每代棉铃虫卵始盛期人工释放赤眼蜂3次，每次间隔5～7 d，放蜂量为每次每亩1.2万～1.4万头，每亩均匀放置5～8个点。

棉铃虫卵始盛期，每亩用16 000 IU/mg苏云金杆菌可湿性粉剂100～150 g，或10亿PIB/g棉铃虫核型多角体病毒可湿性粉剂（NPV）80～100 g对水40 kg喷雾。

4.化学防治 关键是要抓住孵化盛期至2龄盛期，即幼虫尚未蛀入果内的时期施药，可选用21%氰戊菊酯·马拉硫磷乳油2 000～3 000倍液，或2.5%高效氯氟氰菊酯乳油2 000～3 000倍液，或2.5%联苯菊酯乳油800～1 500倍液，或20%虫酰肼悬浮剂800～1 500倍液，或15%茚虫威悬浮剂3 000～4 000倍液，或1.2%烟碱·苦参碱乳油1 000～1 500倍液等。以上药剂要轮换使用，以提高防治效果。

十一、烟青虫

分布与为害

烟青虫属鳞翅目夜蛾科。烟青虫在全国各地均有发生，其食性杂，可为害辣（甜）椒、番茄、南瓜、烟草、玉米等。

以幼虫蛀食蕾、花、果，也食害嫩茎、叶和芽，在辣椒田内，幼虫取食嫩叶，3～4龄才蛀入果实，可转果为害，果实被蛀引起腐烂和落果（图1）。

形态特征

成虫：与棉铃虫极近似，区别之处在于烟青虫成虫体色较黄，前翅上各线纹清晰，后翅棕黑色宽带中段内侧有一棕黑线，外侧稍内凹（图2）。

卵：卵稍扁，纵棱一长一短，呈双序式，卵孔明显。

幼虫：幼虫两根前胸侧毛（L_1、L_2)的连线远离前胸气门下端，体表小刺较短（图3）。

蛹：蛹体前段显得粗，气门小而低，很少突起。

图 1　烟青虫幼虫蛀果

图2　烟青虫成虫

图3　烟青虫幼虫

发生规律

东北地区1年发生2代，京津地区2～3代，黄淮地区3～4代，江南一般5～6代。烟青虫发生时间较棉铃虫稍迟，以蛹在土中越冬。成虫卵散产，前期多产在寄主植物上中部叶片背面的叶脉处，后期产在萼片和果上。成虫可在番茄上产卵，但存活幼虫极少，主要寄主是青椒。幼虫白天潜伏，夜间活动为害。发育历期：卵3～4 d，幼虫11～25 d，蛹10～17 d，成虫5～7 d。

防治措施

防治措施同棉铃虫。

十二、甜菜夜蛾

分布与为害

甜菜夜蛾又名贪夜蛾、玉米小夜蛾，属鳞翅目夜蛾科。该虫分布广泛，在我国各地均有发生。寄主植物有170余种，可为害甜菜、芝麻、花生、玉米、烟草、青椒、茄子、马铃薯、黄瓜、棉花、西葫芦、豇豆、架豆、茴香、胡萝卜、芹菜、菠菜、韭菜、大葱等多种作物。

初孵幼虫群集叶背，吐丝结网，在网内取食叶肉，留下表皮，形成透明的小孔。3龄后分散为害，可将叶片吃成孔洞或缺刻，严重时仅剩叶脉和叶柄，造成幼苗死亡，缺苗断垄，甚至毁种，对产量影响大（图1～图3）。

图1　甜菜夜蛾初孵幼虫取食大葱叶肉仅留表皮

图2　甜菜夜蛾幼虫为害大葱叶片

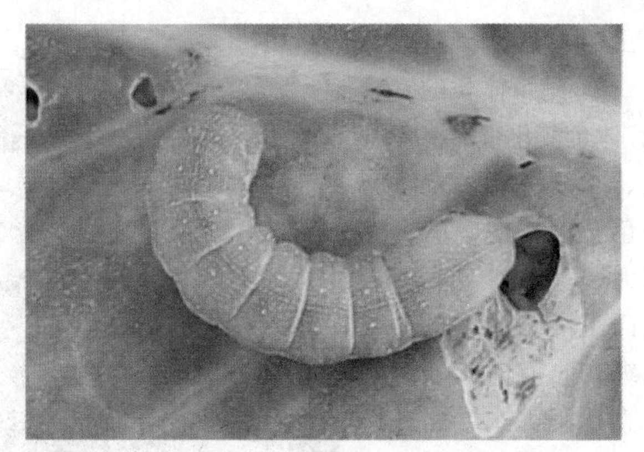

图3　甜菜夜蛾幼虫为害甘蓝

形态特征

成虫：体长8～10 mm，翅展19～25 mm，灰褐色，头、胸有黑点。前翅中央近前缘外方有1个肾形斑，内方有1个土红色圆形斑。后翅银白色，翅脉及缘线黑褐色(图4）。

卵：圆球状，白色，成块产于叶面或叶背，每块8～100粒不等，排为1～3层，卵块上覆有白色或淡黄色绒毛（图5）。

图4　甜菜夜蛾成虫

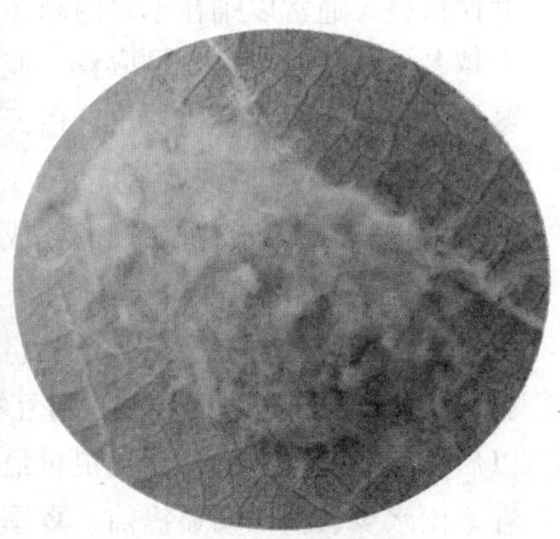

图5　甜菜夜蛾卵(外面覆有绒毛)

幼虫：共5龄，少数6龄。末龄幼虫体长约22 mm，体色变化很大，有绿色、暗绿色、黄褐色、褐色至黑褐色，背线有或无，颜色各异。腹部气门下线为明显的黄白色纵带，有时带粉红色，直达腹部末端，不弯到臀足上，是区别于甘蓝夜蛾的重要特征，各节气门后上方具1个明显白点。

图6　甜菜夜蛾蛹

蛹：长10 mm，黄褐色，中胸气门外突（图6）。

发生规律

甜菜夜蛾在黄河流域1年发生4～5代，长江流域1年发生5～7代，世代重叠。通常以蛹在土室内越冬，少数以老熟幼虫在杂草上及土缝中越冬，冬暖时仍见少量取食。亚热带和热带地区可周年发生，无越冬休眠现象。成虫昼伏夜出，白天隐藏在杂草、土块、土缝、枯枝落叶的浓荫处，夜间出来活动，有两个活动高峰期，即晚7～10时和早上5～7时进行取食、交配、产卵，成虫趋光性强。卵多产于叶背面、叶柄部或杂草上，卵块1～3层排列，上覆白色或淡黄色绒毛。幼虫共5龄(少数6龄)，3龄前群集为害，但食量小，4龄后食量大增，昼伏夜出，有假死性，虫口过大时，幼虫可互相残杀。幼虫转株为害常从下午6时以后开始，凌晨3～5时活动虫量最多。常年发生期为7～9月，南方如春季雨水少、梅雨明显提前、夏季炎热，则秋季发生严重。幼虫和蛹抗寒力弱，北方地区越冬死亡率高，只间歇性局部猖獗为害。

防治措施

1.农业防治　秋末冬初耕翻可消灭部分越冬蛹；春季3～4月除草，消灭杂草上的低龄幼虫；结合田间管理，摘除叶背面卵块和低龄幼虫团，集中消灭。

2.物理防治　成虫发生期，集中连片应用频振式杀虫灯、高压汞灯、黑光灯、性诱剂诱杀成虫。

3.生物防治　保护利用自然天敌，甜菜夜蛾天敌主要有草蛉、猎蝽、蜘蛛、步甲等；生物制剂防治，卵孵化盛期至低龄幼虫期亩用5亿PIB/g甜菜夜蛾核型多角体病毒悬浮剂120～160 mL，或16 000万IU/mg苏云金杆菌可湿性粉剂50～100 g喷雾。

4.化学防治　1～3龄幼虫高峰期，用20%灭幼脲悬浮剂800倍液，或5%氟铃脲乳油3 000倍液，或0.5%甲氨基阿维菌素苯甲酸盐乳油2000 ～3 000倍液，或6%乙基多杀菌素悬浮剂1 500～3 000倍液，或20%虫酰肼乳油800～1 500倍液喷雾。甜菜夜蛾幼虫晴天傍晚6时后会向植株上部迁移，因此，应在傍晚喷药防治，注意叶面、叶背均匀喷雾，使药液能直接喷到虫体及其为害部位。

十三、豇豆荚螟

分布与为害

豇豆荚螟又名豆野螟、大豆螟蛾。分布北起吉林、内蒙古，南至台湾、广东、广西、云南。为害大豆(毛豆)、豇豆、菜豆、扁豆、豌豆、蚕豆等多种豆科植物。幼虫食害叶片、嫩茎、花蕾、嫩荚。低龄幼虫钻入花蕾为害，引起花蕾和幼荚脱落，3龄幼虫蛀入嫩荚内取食豆粒。蛀孔外堆积绿色粪粒，严重影响产量和品质。

形态特征

成虫：体长约13 mm，翅展24 ~ 26 mm，暗黄褐色。前、后翅均有紫色闪光，前翅中室端部有1个白色透明带状斑，中室内和中室下各有1个白色透明小斑；后翅外缘黄褐色，其余部分白色半透明，内有3条暗棕色波状纹（图1）。

图 1　豇豆荚螟成虫

卵：椭圆形，淡绿色，表面有六角形网状纹。

幼虫：老熟幼虫

体长约18 mm，黄绿色，头部黄褐色，前胸背板黑褐色，中、后胸背板各有毛片2排，前排4个各生2根刚毛，后排2个无刚毛；腹部各节背面具同样毛片6个，但各自只生1根刚毛。腹足趾钩双序缺环（图2）。

蛹：近纺锤形，黄褐色，腹末有6根钩刺。

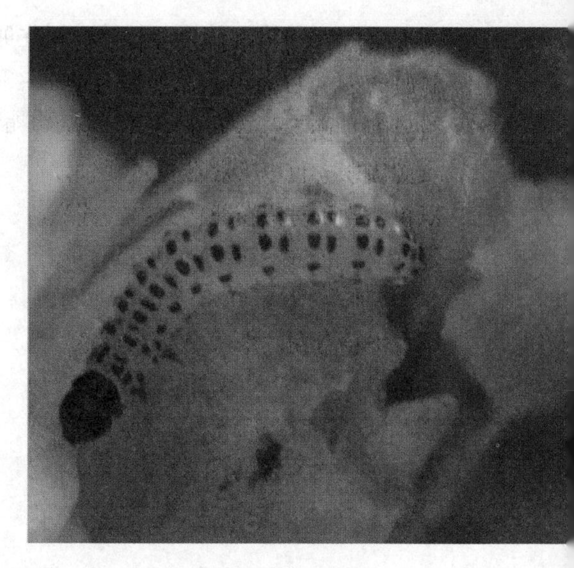

图2 豇豆荚螟幼虫

发生规律

华北地区1年发生3～4代，华南地区1年发生7代，华中地区1年发生4～5代，以蛹在土中越冬。翌年6月中下旬出现成虫，6～10月为幼虫为害期。成虫昼伏夜出，有趋光性，卵散产于嫩荚、花蕾或叶柄上，卵期2～3 d。幼虫共5龄，初孵幼虫蛀食嫩荚和花蕾，造成蕾荚脱落，3龄后蛀入荚内食害豆粒。幼虫亦常吐丝缀叶为害，老熟幼虫在叶背主脉两侧作茧化蛹，亦可吐丝下落土表和落叶中结茧化蛹。豇豆荚螟最适发育温度为28 ℃，相对湿度为80%～85%。6～8月雨水多，发生重；开花结荚期与成虫产卵期吻合，为害重。

防治措施

1.农业防治 及时清除田间落花、落荚，并摘去被害带虫部分，减少虫源。

2.生物防治 释放赤眼蜂、茧蜂。

3.物理防治 利用黑光灯、杀虫灯诱杀成虫。

4.化学防治　从现蕾开始，抓住卵孵化高峰期施药，可亩用10%溴氰虫酰胺可分散油悬浮剂 3 000～3 500倍液，或2.5%高效氯氟氰菊酯乳油3 000倍液，或2.5%溴氰菊酯乳油3 000倍液喷雾防治，间隔7～10 d喷1次。

十四、瓜绢螟

分布与为害

瓜绢螟又名瓜螟、瓜野螟，在我国华东、华中、华南和西南各省均有分布，近年北方保护地也有其为害发生。主要为害葫芦科各种瓜类及番茄、茄子等蔬菜，低龄幼虫在叶背啃食叶肉，呈灰白斑，3龄后吐丝将叶或嫩梢缀合，匿居其中取食，致使叶片穿孔或缺刻，严重时仅留叶脉。幼虫常蛀入瓜内，影响产量和质量。

形态特征

成虫：体长11 mm，翅展25 mm，头、胸黑色，腹部白色，但第1、7、8节黑色，末端具黄褐色毛丛。前、后翅白色透明，略带紫色，前翅前缘和外缘、后翅外缘呈黑色宽带（图1）。

图1　瓜绢螟成虫

卵：扁平，椭圆形，淡黄色，表面有网纹。

幼虫：末龄幼虫体长23～26 mm，头部、前胸背板淡褐色，胸腹部草绿色，亚背线呈两条较宽的乳白色纵带，气门黑色（图2）。

蛹：长约14 mm，深褐色，头部光整尖瘦，翅端达第6腹节。外被薄茧。

图2 瓜绢螟幼虫

发生规律

以老熟幼虫或蛹在枯叶或表土越冬，翌年4月底羽化，5月幼虫为害。7~9月发生数量多，世代重叠，为害严重。11月后进入越冬期。成虫夜间活动，趋光性弱，雌蛾产卵于叶背，散产或几粒在一起，每个雌蛾可产卵300~400粒。幼虫3龄后卷叶取食，蛹化于卷叶或落叶中。卵期5~7 d；幼虫期9~16 d，共4龄；蛹期6~9 d；成虫寿命6~14 d。

防治措施

1.农业防治 及时清理瓜地，消灭藏匿于枯落叶中的虫蛹；在幼虫发生初期，及时摘除卷叶，以消灭部分幼虫。

2.化学防治 幼虫盛发期，掌握在3龄前，用20%氰戊菊酯乳油3 000倍液，或5%高效氯氰菊酯乳油1 000倍液，或2%阿维菌素乳油2 000倍液喷雾。

十五、马铃薯瓢虫

分布与为害

马铃薯瓢虫又名二十八星瓢虫，国内主要分布在华北、西北、内蒙古、东北等地。主要为害马铃薯、茄子、辣椒等茄科蔬菜，也为害菜豆、豇豆、瓜类、白菜等，以山区、半山区发生较多。以成虫、若虫取食叶片、果实和嫩茎，被害叶片仅留叶脉及上表皮，形成许多不规则透明的凹纹，后变为褐色斑痕，过多会导致叶片枯萎（图1、图2）；被害果上则被啃食成许多凹纹，逐渐变硬，并有苦味，失去商品价值。

图1　马铃薯瓢虫为害马铃薯叶片

图2　马铃薯瓢虫严重为害马铃薯

形态特征

成虫：体长7 ~ 8 mm，半球形，赤褐色，密被黄褐色细毛。前胸背板前缘凹陷而前缘角突出，中央有1个较大的剑状斑纹，两侧各有2个黑色小斑（有时合成1个）。两鞘翅上各有14个黑斑，鞘翅基部3个黑斑后方的4个黑斑不在一条直线上，两鞘翅合缝处有1 ~ 2对黑斑相连（图3）。

图3　马铃薯瓢虫成虫

卵：长1.4 mm，纵立，鲜黄色，有纵纹（图4）。

幼虫：体长约9 mm，淡黄褐色，长椭圆状，背面隆起，各节具黑色枝刺（图5）。

图4　马铃薯瓢虫卵

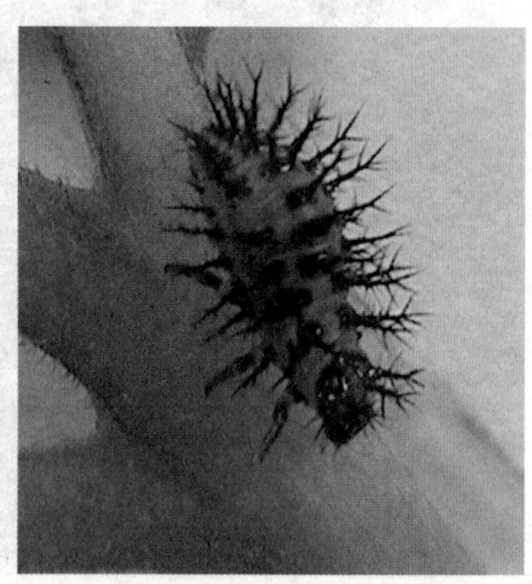

图5　马铃薯瓢虫幼虫

蛹：长约6 mm，椭圆状，淡黄色，背面有稀疏细毛及黑色斑纹。尾端包着末龄幼虫的蜕皮（图6）。

图6　马铃薯瓢虫蛹

发生规律

以成虫群集越冬。一般于5月开始活动。6月上中旬为产卵盛期，6月下旬至7月上旬为第1代幼虫为害期，7月中下旬为化蛹盛期，7月底至8月初为第1代成虫羽化盛期，8月中旬为第2代幼虫为害盛期，8月下旬开始化蛹，羽化的成虫自9月中旬开始寻求越冬场所，10月上旬开始越冬。成虫以上午10时至下午4时最为活跃，午前多在叶背取食，下午4时后转向叶面取食。成虫、幼虫都有残食同种卵的习性。成虫假死性强，并可分泌黄色黏液。越冬成虫多产卵于马铃薯苗基部叶背，20～30粒靠近在一起。越冬代每雌可产卵400粒左右，第1代每雌产卵240粒左右。卵期第1代约6 d，第2代约5 d。幼虫夜间孵化，共4龄，2龄后分散为害。幼虫发育历期第1代约23 d，第2代约15 d。幼虫老熟后多在植株基部茎上或叶背化蛹，蛹期第1代约5 d，第2代约7 d。

防治措施

1.农业防治　人工捕捉成虫，利用成虫假死习性，用盆接并叩打植株使之坠落，收集消灭；人工摘除卵块，此虫产卵集中成群，颜色鲜艳，极易发现，易于摘除。

2.化学防治　在幼虫分散前的有利时机，可用20%氰戊菊酯乳油2 000 ~ 3 000倍液，或2.5%溴氰菊酯乳油2 000 ~ 3 000倍液，或2.5%高效氯氟氰菊酯乳油2 000 ~ 3 000倍液，或40%辛硫磷乳油600 ~ 800倍液喷雾。

十六、茄二十八星瓢虫

分布与为害

茄二十八星瓢虫又名酸浆瓢虫，在全国广泛分布，但主要在长江以南各省为害较重。为害茄子、番茄、青椒、马铃薯等茄科蔬菜及黄瓜、冬瓜、丝瓜等葫芦科蔬菜，以为害茄子为主。成虫和幼虫舔食叶肉，形成许多不规则半透明的细凹纹，有时也会将叶面吃成空洞或仅留叶脉，严重时全叶食尽（图1）。受害果被舔食的部分会变硬，且有苦味，产量和品质下降。

图 1　茄二十八星瓢虫为害状

形态特征

成虫：体长6 mm，半球形，黄褐色，体表密生黄色细毛。前胸背板上有6个黑点，中间的2个常连成一个横斑；每个鞘翅上有14个黑斑，其中第二列4个黑斑呈一直线，是与马铃薯瓢虫的显著区别（图2）。

卵：长约1.2 mm，弹头形，淡黄色至褐色，卵粒排列较紧密。

幼虫：末龄幼虫体长约7 mm，初龄淡黄色，后变白色；体表多枝刺，其基部有黑褐色环纹，枝刺白色（图3）。

蛹：长5.5 mm，椭圆形，背面有黑色斑纹，尾端包着末龄幼虫的蜕皮。

图2　茄二十八星瓢虫成虫

图3　茄二十八星瓢虫幼虫

发生规律

以成虫群集越冬。每年以5月发生数量最多，为害最重。成虫白天活动，以上午10时至下午4时最为活跃，午前多在叶背取食，下午后转向叶面取食。成虫有假死性和自残性。雌成虫将卵块产于叶背。幼虫共4龄，初孵幼虫群集为害，2龄后分散为害。老熟幼虫在原处或枯叶中化蛹。卵期5 ~ 6 d，幼虫期15 ~ 25 d，蛹期4 ~ 15 d，成虫寿命25 ~ 60 d。

防治措施

防治措施同马铃薯瓢虫。

十七、白星花金龟甲

分布与为害

白星花金龟甲又称白纹铜花金龟甲、白星花潜、白星金龟子、铜克螂。分布于中国的东北、华北、华东、华中等地区。成虫取食蔬菜的花器（图1、图2）。

图2　白星花金龟甲为害大葱花

图1　白星花金龟甲为害辣椒

形态特征

成虫体长17 ~ 24 mm，宽9 ~ 12 mm。椭圆形，具古铜色或青铜色光泽，体表散布众多不规则白绒斑；唇基前缘向上折翘，中凹，两侧具边框，外侧向下倾斜；触角深褐色；复眼突出；前胸背板具不规则白绒斑，后缘中凹，前胸背板后角与鞘翅前缘角之间有一个三角片甚显著，即中胸后侧片；鞘翅宽大，近长方形，遍布粗大刻点，白绒斑多为横向波浪形；臀板短宽，每侧有3个白绒斑呈三角形排列；腹部1 ~ 5腹板两侧有白绒斑；足较粗壮，膝部有白绒斑；后足基节后外端角尖锐；前足胫节外缘3齿，各足跗节顶端有2个弯曲爪。

发生规律

每年发生1代。以幼虫在土中越冬。成虫于5月上旬开始出现，6 ~ 7月为发生盛期。成虫白天活动，有假死性，对酒、醋味有趋性，飞翔力强，常群聚为害留种蔬菜的花和玉米花丝，产卵于土中。幼虫（蛴螬）多以腐败物为食，以背着地行进。

防治措施

1.农业防治 深翻土地拾虫，腐熟厩肥，以降低虫口数量；在幼虫（蛴螬）发生严重的地块，合理灌溉，促使幼虫（蛴螬）向土层深处转移，避开幼苗最易受害时期。

2. 物理防治 使用频振式杀虫灯防治成虫效果极佳。频振式杀虫灯单灯控制面积30 ~ 50亩，连片规模设置效果更好。灯悬挂高度，前期1.5 ~ 2 m，中后期应略高于作物顶部。一般6月中旬开始开灯，8月底撤灯，每日开灯时间为晚9时至翌日凌晨4时。

3. 化学防治

（1）土壤处理：可用50%辛硫磷乳油每亩200 ~ 250 g，加10倍水，喷于25 ~ 30 kg细土中拌匀成毒土，顺垄条施，随即浅锄，或每亩用3%辛硫磷颗粒剂2 ~ 2.5 kg，或每亩用5%二嗪磷颗粒剂1 ~ 2.5 kg，拌细土20～25 kg，在犁地前均匀撒施，并兼治金针虫和蝼蛄。

（2）沟施毒谷：每亩用25%辛硫磷胶囊剂150～200 g拌谷子等饵料5 kg左右，或50%辛硫磷乳油50～100 g拌饵料3～4 kg，撒于种沟中，兼治蝼蛄、金针虫等地下害虫。

（3）灌根：对发生危害的菜田，可选用50%辛硫磷乳油1 000倍液，或50%二嗪磷乳油1 000倍液，或90%敌百虫可溶性粉剂1 000倍液等灌根防治。

十八、大黑鳃金龟甲

分布与为害

大黑鳃金龟甲幼虫通称蛴螬、白地蚕、白土蚕。国内除西藏尚未报道外，各省(区)均有分布。幼虫食害各种蔬菜苗根，成虫仅食害树叶及部分作物叶片，幼虫的为害可使蔬菜幼苗致死，造成缺苗断垄。

形态特征

成虫：体长16～22 mm，宽8～11 mm。黑色或黑褐色，具光泽（图1）。触角10节，鳃片部3节呈黄褐色或赤褐色，约为其后6节之长度。鞘翅长椭圆形，其长度为前胸背板宽度的2倍，每侧有4条明显的纵肋。前足胫节外齿3个，内方距1根；中、后足胫节末端距2根。臀节外露，背板向腹下包卷，与腹板相会合于腹面。雄性前臀节腹板中间具明显的三角形凹坑，雌性前臀节腹板中间无三角形凹坑，但具1个横向的枣红色菱形隆起骨片。

图1　大黑鳃金龟甲成虫

卵：初产时长椭圆形，长约2.5 mm，宽约1.5 mm，白色略带黄绿色光泽；发育后期圆球形，长约2.7 mm，宽约2.2 mm，洁白有光泽。

幼虫：3龄幼虫体长35 ~ 45 mm，头宽4.9 ~ 5.3 mm（图2）。头部前顶刚毛每侧3根，其中冠缝侧2根，额缝上方近中部1根。内唇端感区刺多为14 ~ 16根，感区刺与感前片之间除具6个较大的圆形感觉器外，尚有6 ~ 9个小圆形感觉器。肛腹板后覆毛区无刺毛列，只有钩状毛散乱排列，多为70 ~ 80根。

蛹：长21 ~ 23 mm，宽11 ~ 12 mm，化蛹初期为白色，以后变为黄褐色至红褐色，复眼的颜色依发育进度由白色依次变为灰色、蓝色、蓝黑色至黑色。

图2 大黑鳃金龟甲幼虫

发生规律

大黑鳃金龟甲在我国仅华南地区1年发生1代，以成虫在土中越冬；其他地区均是2年发生1代，成、幼虫均可越冬，但在2年1代区，存在不完全世代现象。在北方越冬成虫于春季10 cm土温上升到14 ~ 15

℃时开始出土，10 cm土温达17 ℃以上时成虫盛发。5月中、下旬日均气温21.7 ℃时田间始见卵，6月上旬至7月上旬日均气温24.3～27.0 ℃时为产卵盛期，末期在9月下旬。卵期10～15 d，6月上、中旬开始孵化，盛期在6月下旬至8月中旬。孵化幼虫除极少一部分当年化蛹羽化外，大部分于当秋季10 cm土温低于10 ℃时，向深土层移动，低于5 ℃时全部进入越冬状态。越冬幼虫翌年春季当10 cm土温上升到5 ℃时开始活动。大黑鳃金龟种群的越冬虫态既有幼虫，又有成虫。以幼虫越冬为主的年份，翌年春季受害重，夏、秋季受害轻；以成虫越冬为主的年份，翌年春季受害轻，夏、秋季受害重。出现隔年严重危害的现象，群众谓之“大小年”。

防治措施

防治措施同白星花金龟甲。

十九、蝼蛄

分布与为害

蝼蛄又称大蝼蛄、拉拉蛄、地拉蛄。对农作物为害严重的蝼蛄我国主要有2种，即华北蝼蛄和东方蝼蛄，均属直翅目蝼蛄科。华北蝼蛄分布在北纬32°以北地区，以北方各省（区）受害较重，东方蝼蛄属全国性害虫，各省（区）均有分布。

蝼蛄以成虫、若虫咬食各种作物的种子和幼苗，特别喜食刚发芽的种子，造成严重缺苗、断垄；也咬食幼根和嫩茎，扒成乱麻状或丝状，使幼苗生长不良甚至死亡。特别是蝼蛄在土壤表层善爬行，来回乱窜，隧道纵横，造成种子架空，幼苗吊根，导致种子不能发芽，幼苗失水而死。

形态特征

1.华北蝼蛄　成虫（图1）雌虫体长45 ~ 50 mm，最大可达66 mm，头宽9 mm；雄虫体长39 ~ 45 mm，头宽5.5 mm。体黑褐色，密被细毛，腹部近圆筒形。前足腿节下缘呈“S”形弯曲，后足胫节内上方有刺1 ~ 2根（或无刺）。卵椭圆形，卵初产时为黄白色，后变为黄褐色，孵化前呈深灰色。若虫共13龄，初龄体长3.6 ~ 4 mm，末龄体长36 ~ 40 mm。初孵化若虫头、胸特别细，腹部很肥大，全身乳白色，复眼淡红色，以后颜色逐渐加深，5 ~ 6龄后基本与成虫体色相似。

2.东方蝼蛄 成虫（图2）雌虫体长31～35 mm，雄虫30～32 mm，体黄褐色，密被细毛，腹部近纺锤形。前足腿节下缘平直，后足胫节内上方有等距离排列的刺3～4根（或4根以上）。卵椭圆形，卵初产时乳白色，渐变为黄褐色，孵化前为暗紫色。若虫初龄体长约4 mm，末龄体长约25 mm。初孵若虫头、胸特别细，腹部很肥大，全身乳白色，复眼淡红色，腹部红色或棕色，半天以后，头、胸、足逐渐变为灰褐色，腹部淡黄色，2龄、3龄以后若虫体色接近成虫。

图1 华北蝼蛄成虫

图2 东方蝼蛄成虫

发生规律

华北蝼蛄3年左右才能完成1代。在北方以8龄以上若虫或成虫越冬，翌春3月中、下旬成虫开始活动，4月出窝转移，地表出现大量虚土隧道。6月开始产卵，6月中、下旬孵化为若虫，进入10～11月以8～9龄若虫越冬。该虫完成1代共1 131d，其中卵期11～23 d，若虫12龄历期736 d，成虫期378 d。黄淮海地区20 cm土温达8 ℃的3～4月时华北蝼蛄即开始活动，交配后在土中15～30 cm处做土室，雌虫把卵产在土室中，产卵期1个月；产卵3～9次，每雌虫平均产卵量288～368粒。成虫夜间活动，有趋光性。

东方蝼蛄在北方地区2年发生1代，在南方1年发生1代，以成虫或若虫在地下越冬。清明后上升到地表活动，在洞口可顶起一个小虚土堆。5月上旬至6月中旬是蝼蛄最活跃的时期，也是第一次为害高峰期，6月下旬至8月下旬，天气炎热，转入地下活动，6 ~ 7月为产卵盛期。9月气温下降时，再次上升到地表，形成第二次为害高峰；10月中旬以后，陆续钻入深层土中越冬。蝼蛄昼伏夜出，以夜间9 ~ 11时活动最盛，特别在气温高、湿度大、闷热的夜晚，大量出土活动。早春或晚秋因气候凉爽，仅在表土层活动，不到地面上，在炎热的中午常潜至深土层。蝼蛄具趋光性，并对香甜物质具有强烈趋性。成虫、若虫均喜松软潮湿的壤土或沙壤土，20 cm表土层含水量20%以上最适宜，含水量小于15%时活动减弱。气温12.5 ~ 19.8 ℃、20 cm土温15.2 ~ 19.9 ℃对蝼蛄最适宜，温度过高或过低时，蝼蛄则潜入深层土中。

防治措施

1.农业防治　深翻土地，压低幼虫基数。

2.物理防治　使用频振式杀虫灯进行诱杀。

3.化学防治

（1）土壤处理：50%辛硫磷乳油每亩用200 ~ 250 g，加10倍水，喷于25 ~ 30 kg细土中拌匀成毒土，顺垄条施，随即浅锄，或以同样用量的毒土撒于种沟或地面，随即耕翻，或混入厩肥中施用，或结合灌水施入；或用5%辛硫磷颗粒剂，每亩用2.5 ~ 3 kg处理土壤，都能收到良好效果，并兼治金针虫和蛴螬。

（2）毒饵防治：将90%敌百虫可溶性粉剂1 kg，或50%二嗪磷乳油1 kg，或50%辛硫磷乳油1 kg用水稀释5倍左右，再与30 ~ 50 kg炒香的麦麸或豆饼或棉籽饼或煮半熟的秕谷等拌匀，拌时可加适量水，拌潮为宜（以麦麸为例，用手一握成团，手指一戳即散便可），制成毒饵。每亩用3 ~ 5 kg毒饵，于傍晚（无风闷热的傍晚效果最好）成小堆分散施入田间，可诱杀蝼蛄。在播种时将毒饵施入播种沟（穴）中诱杀蝼蛄。

二十、金针虫

分布与为害

金针虫是鞘翅目叩头甲科的幼虫，又称叩头虫、沟叩头甲、土蚰蜒、芨芨虫、钢丝虫。我国为害农作物最严重的是沟金针虫、细胸金针虫。沟金针虫分布在我国的北方；细胸金针虫主要分布在黑龙江、内蒙古、新疆，南至福建、湖南、贵州、广西、云南。金针虫的寄主有蔬菜、各种农作物及果树等。幼虫在土中取食播种下的种子、萌出的幼芽和菜苗的根部，使蔬菜枯萎致死，造成缺苗断垄，甚至全田毁种。有的钻蛀块茎或种子，蛀成孔洞，致受害株干枯死亡。

形态特征

1.沟金针虫 成虫深栗色。全体被黄色细毛。头部扁平，头顶呈三角形凹陷，密布刻点。雌成虫（图1）体长14～17 mm，宽约5 mm，体形较扁；雄成虫体长14～18 mm，宽约3.5 mm，体形窄长。雌虫触角11节，略呈锯齿状，长约为前胸的2倍。雄虫触角12节，丝状，长及鞘翅末端；雌虫前胸较发达，背面呈半球状隆起，

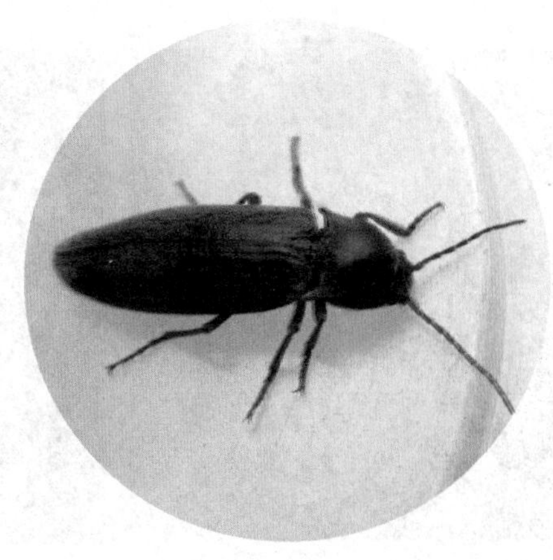

图1 沟金针虫雌成虫

前狭后宽，宽大于长，密布刻点，中央有微细纵沟，后缘角向后方突出，鞘翅长约为前胸的4倍，其上纵沟不明显，密生小刻点，后翅退化。雄虫鞘翅长约为前胸的5倍，其上纵沟明显，有后翅。卵近椭圆形，乳白色。老熟幼虫（图2）体长20～30 mm，细长筒形略扁，体壁坚硬而光滑，具黄色细毛，尤以两侧较密。体黄色，前头和口器暗褐色，头扁平，上唇呈三叉状突起，胸、腹部背面中央有1条细纵沟。尾端分叉，并稍向上弯曲，各叉内侧有1个小齿。各体节宽大于长，从头部至第9腹节渐宽。

图2　沟金针虫幼虫

2. 细胸金针虫　成虫（图3）体长8～9 mm，宽约2.5 mm。暗褐色，被灰色短毛，并有光泽。触角红褐色，第2节球形。前胸背板略呈圆形，长大于宽，鞘翅长为头胸部的2倍，上有9条纵列刻点。卵乳白色，圆形。末龄幼虫（图4）体长约32 mm，宽约1.5 mm，细长圆筒

图3　细胸金针虫成虫

图4　细胸金针虫幼虫

形，淡黄色，光亮。头部扁平，口器深褐色。第1胸节较第2、3节稍短。1～8腹节略等长，尾节圆锥形，近基部两侧各有1个褐色圆斑和4条褐色纵纹，顶端具1个圆形突起。

发生规律

沟金针虫2～3年发生1代，以幼虫和成虫在土中越冬。在北京，3月中旬10 cm土温平均为6.7 ℃时，幼虫开始活动；3月下旬土温达9.2 ℃时，开始为害，4月上、中旬土温为15.1～16.6 ℃时为害最烈。5月上旬土温为19.1～23.3 ℃时，幼虫则渐趋入13～17 cm深土层栖息；6月10 cm土温达28 ℃以上时，沟金针虫下潜至深土层越夏。9月下旬至10月上旬，土温下降到18 ℃左右时，幼虫又上升到表土层活动。10月下旬随土温下降幼虫开始下潜，至11月下旬10 cm土温平均为1.5 ℃时，沟金针虫潜于27～33 cm深的土层越冬。雌成虫无飞翔能力，雄成虫善飞，有趋光性。白天潜伏于表土内，夜间出土交配、产卵。由于沟金针虫雌成虫活动能力弱，一般多在原地交尾产卵，故扩散为害受到限制，因此，在虫口高的田内一次防治后，在短期内种群密度不易回升。

细胸金针虫在陕西2年发生1代。西北农业大学报道，在室内饲养发现细胸金针虫有世代多态现象。冬季以成虫和幼虫在土下20～40 cm深处越冬，翌年3月上、中旬，10 cm土温平均7.6～11.6 ℃、气温5.3 ℃时，成虫开始出土活动，4月中、下旬土温15.6 ℃、气温13 ℃左右时为活动盛期，6月中旬为末期。成虫寿命199.5～353 d，但出土活动时间只有75 d左右。成虫白天潜伏在土块下或作物根茬中，傍晚活动。成虫出土后1～2 h内，为交配盛期，可多次交配。产卵前期约40 d，卵散产于表土层内。每雌虫产卵5～70粒。产卵期39～47 d，卵期19～36 d，幼虫期405～487 d。幼虫老熟后在20～30 cm深处做土室化蛹，预蛹期4～11 d，蛹期8～22 d，6月下旬开始化蛹，直至9月下旬。成虫羽化后即在土室内蛰伏越冬。

防治措施

1.农业防治 翻耕拾虫，施腐熟厩肥，合理灌水，以降低虫口数量。

2.化学防治 同白星花金龟甲。

二十一、地老虎

分布与为害

地老虎又名土蚕、地蚕、黑土蚕、黑地蚕，属鳞翅目夜蛾科，主要种类有小地老虎、黄地老虎、大地老虎等。小地老虎在我国各地均有发生，黄地老虎主要分布在西北和黄河流域。该虫食性较杂，可为害棉花、玉米、烟草、芝麻、豆类和多种蔬菜等春播作物，是多种作物苗期的主要害虫。

1～2龄幼虫常常群集在幼苗上的心叶或叶背上取食，把叶片咬成小缺刻或网孔状。幼虫3龄后把蔬菜幼苗近地面的茎部咬断，还常将咬断的幼苗拖入洞中，其上部叶片往往露在穴外，使整株死亡，造成缺苗断垄。

形态特征

1.小地老虎 成虫（图1）体长17～23 mm，灰褐色，前翅有肾形斑、环形斑和棒形斑。肾形斑外边有1个明显的尖端向外的楔形黑斑，亚缘线上有2个尖端向里的楔形斑，3个楔形斑相对，易识别。老熟幼虫

图1　小地老虎成虫

（图2）体长37 ~ 50 mm，头部褐色，有不规则褐色网纹，臀板上有2条深褐色纵纹。蛹体长18 ~ 24 mm，第4 ~ 7节腹节基部有一圈刻点，在背面的大而深，末端具一对臀刺。

2.黄地老虎　成虫(图3）体长14 ~ 19 mm，前翅黄褐色，有1个明显的黑褐色肾形斑和黄色斑纹。老熟幼虫体长33 ~ 45 mm，头部深黑褐色，有不规则的深褐色网纹，臀板有2个大块黄褐色斑纹，中央断开，有分散的小黑点。

3.大地老虎　成虫体长25 ~ 30 mm，前翅前缘棕黑色，其余灰褐色，有棕黑色的肾状斑和环形斑。老熟幼虫体长41 ~ 60 mm，黄褐色，体表多皱纹，臀板深褐色，布满龟裂状纹。

图2　小地老虎幼虫

图3　黄地老虎成虫

发生规律

小地老虎在黄河流域1年发生3 ~ 4代，长江流域1年发生4 ~ 6代，以幼虫或蛹越冬，黄河以北不能越冬。卵产在土块、地表缝隙、土表的枯草茎和根须上，以及农作物幼苗和杂草叶片的背面。1代卵孵化盛期在4月中旬，4月下旬至5月上旬为幼虫盛发期，阴凉潮湿、杂草多、湿度大的蔬菜田虫量多，发生重。

黄地老虎在西北地区1年发生2～3代，黄河流域1年发生3～4代，以老熟幼虫在土中越冬，翌年3～4月化蛹，4～5月羽化，成虫发生期比小地老虎晚20～30 d，5月中旬进入1代卵孵化盛期，5月中下旬至6月中旬进入幼虫为害盛期。一般在土壤黏重、地势低洼和杂草多的蔬菜田发生较重。

大地老虎在我国1年发生1代，以幼虫在土中越冬，翌年3～4月出土为害，4～5月进入为害盛期，6月中下旬老熟幼虫在土壤3～5 cm深处筑土室越夏，越夏幼虫至8月下旬化蛹。9月中旬后羽化为成虫，在土表和杂草上产卵，幼虫孵化后在杂草上生活一段时间后越冬，其他习性与小地老虎相似。

防治措施

1.农业防治　播前精细整地，清除杂草，苗期灌水，可消灭部分害虫。

2.物理防治　成虫发生期用频振式杀虫灯、黑光灯、杨树枝把、新鲜的桐树叶和糖醋液(糖：醋：白酒：水=6：3：1：10）等方法可诱杀地老虎成虫。

3.生物防治　地老虎的主要天敌有寄生蜂、步甲、虎甲等，应保护利用天敌。

4.化学防治　地老虎幼虫发生期，用90%敌百虫可溶性粉剂100 g对水1 000 g混匀后喷洒在5 kg炒香的麦麸或砸碎炒香的棉籽饼上拌匀，配制成毒饵，傍晚顺垄撒施在幼苗附近可诱杀幼虫。低龄幼虫发生期，用90%敌百虫可溶性粉剂1 000倍液，或10%虫螨腈悬浮剂1 000～1 200倍液，或20%氰戊菊酯乳油1 500～2 000倍液喷雾。

二十二、蜗牛

分布与为害

蜗牛又名蜒蚰螺、水牛，为软体动物，属于腹足纲柄眼目巴蜗牛科，主要有同型巴蜗牛和灰巴蜗牛两种，均为多食性，可为害十字花科、豆科、茄科蔬菜以及棉、麻、甘薯、谷类、桑、果树等多种作物（图1、图2）。幼贝食量很小，初孵幼贝仅食叶肉，留下表皮，稍大后以齿舌刮食叶、茎，形成孔洞或缺刻，甚至咬断幼苗，造成缺苗断垄。

图 1　蜗牛为害辣椒

图 2　蜗牛为害小白菜

形态特征

灰巴蜗牛和同型巴蜗牛成螺的贝壳大小中等，壳质坚硬。

1.灰巴蜗牛 壳较厚，呈圆球形，壳高18～21 mm，宽20～23 mm，有5.5～6个螺层，顶部几个螺层增长缓慢，略膨胀，体螺层急剧增长膨大；壳面黄褐色或琥珀色，常分布暗色不规则形斑点，并具有细致而稠密的生长线和螺纹；壳顶尖，缝合线深，壳口呈椭圆形，口缘完整，略外折，锋利，易碎。轴缘在脐孔处外折，略遮盖脐孔，脐孔狭小，呈缝隙状。卵为圆球形，白色。

2.同型巴蜗牛 壳质厚，呈扁圆球形，壳高11.5～12.5 mm，宽15～17 mm，有5～6层螺层，顶部几个螺层增长缓慢，略膨胀，螺旋部低矮，体螺层增长迅速、膨大；壳顶钝，缝合线深，壳面呈黄褐色至灰褐色，有稠密而细致的生长线。体螺层周缘或缝合线处常有一条暗褐色带，有些个体无。壳口呈马蹄形，口缘锋利，轴缘外折，遮盖部分脐孔。脐孔小而深，呈洞穴状。个体间形态变异较大。卵圆球形，乳白色有光泽，渐变淡黄色，近孵化时为土黄色。

发生规律

蜗牛属雌雄同体、异体交配的动物，一般1年繁殖1～3代，在阴雨多、湿度大、温度高的季节繁殖很快。5月中旬至10月上旬是它们的活动盛期，6～9月活动最为旺盛，一直到10月下旬开始下降。

11月下旬以成贝和幼贝在田埂土缝、残株落叶、宅前屋后的砖块、瓦片等物体下越冬，翌年3月上、中旬开始活动。蜗牛白天潜伏，傍晚或清晨取食，遇有阴雨天则整天栖息在植株上。4月下旬至5月上旬成贝开始交配，此后不久产卵，成贝一年可多次产卵，卵多产于潮湿疏松的土里或枯叶下，每个成贝可产卵50～300粒。卵表面具黏液，干燥后把卵粒粘在一起成块状，初孵幼贝多群集在一起聚食，长大后分散为害，喜栖息在植株茂密低洼潮湿处。

一般成贝存活2年以上，性喜阴湿环境，如遇雨天，昼夜活动，因此温暖多雨天气及田间潮湿地块受害较严重。干旱时，白天潜伏，夜间出来为害；若连续干旱，便隐藏起来，并分泌黏液，封住出口，不吃不动，潜伏在潮湿的土缝中或茎叶下，待条件适宜时，如下雨或浇水后，于傍晚或早晨外出取食。11月下旬又开始越冬。

蜗牛行动时分泌黏液，黏液遇空气干燥发亮，因此，蜗牛爬行的地面会留下黏液痕迹。

防治措施

1.农业防治

（1）清洁田园：铲除田间、地头、垄沟旁边的杂草，及时中耕松土、排除积水等，破坏蜗牛栖息和产卵场所。

（2）深翻土地：秋后及时深翻土壤，可使部分越冬成贝、幼贝暴露于地面冻死或被天敌啄食，卵则被晒爆裂而死。

（3）石灰隔离：地头或行间撒10 cm左右的生石灰带，每亩用生石灰5～7.5 kg，使越过石灰带的蜗牛被杀死。

2.物理防治　利用蜗牛昼伏夜出，黄昏为害的特性，在田间或保护地中(温室或大棚)设置瓦块、菜叶、树叶、杂草，或扎成把的树枝，白天蜗牛常躲在其中，集中捕杀。

3.化学防治

（1）毒饵诱杀：在傍晚时，用四聚乙醛配制成含2.5%～6%有效成分的豆饼(磨碎)或玉米粉等毒饵，均匀撒施在田垄上进行诱杀。

（2）撒颗粒剂：6%四聚乙醛颗粒剂，每亩用400～600 g，均匀撒于田间进行防治。

（3）喷洒药液：当清晨蜗牛未潜入土时，用80%四聚乙醛可湿性粉剂2 000～3 000倍液，或硫酸铜800～1 000倍液，或氨水70～100倍液，或1%食盐水喷洒防治。

二十三、黄曲条跳甲

分布与为害

黄曲条跳甲在我国广泛分布，以为害甘蓝、花椰菜、萝卜、菜心等十字花科蔬菜为主，但也为害茄果类、瓜类、豆类蔬菜。成虫、幼虫均可为害。成虫食叶，以幼苗期为害最严重，刚出土的幼苗，子叶被吃后，整株死亡，造成缺苗断垄。在留种地主要为害花蕾和嫩荚。幼虫剥食菜根，蛀食根皮，咬断须根，使叶片萎蔫枯死。萝卜被害后呈现许多黑斑，最后整个变黑腐烂；白菜受害后，叶片变黑死亡，并且传播软腐病。

形态特征

成虫：体长1.8～2.4 mm，为黑色小甲虫，鞘翅上各有一条黄色纵斑，中部狭而弯曲。后足腿节膨大，因此善跳，胫节、跗节黄褐色（图1）。

图1　黄曲条跳甲成虫

幼虫：老熟幼虫体长约4 mm，长圆筒形，黄白色，各节具不显著肉瘤，生有细毛。

卵：长约0.3 mm，椭圆状，淡黄色，半透明。

蛹：长约2 mm，椭圆状，乳白色，头部隐于前胸下面，翅芽和足达第5腹节，胸部背面有稀疏的褐色刚毛。腹末有一结叉状突起，叉端褐色。

发生规律

以成虫在落叶、杂草中潜伏越冬。翌春气温达10 ℃以上开始取食，达20 ℃时食量大增。成虫善跳跃，高温时还能飞翔，以中午前后活动最盛。有趋光性，对黑光灯敏感。成虫寿命长，产卵期可延续1个月以上，因此世代重叠，发生不整齐。卵散产于植株周围湿润的土隙中或细根上，平均每雌产卵200粒左右。幼虫需在高湿情况下才能孵化，因而近沟边的地里多，湿度高的菜田重于湿度低的菜田。幼虫孵化后在3～5 cm的表土层啃食根表，幼虫发育历期11～16 d，共3龄。老熟幼虫在3～7 cm深的土中做土室化蛹，蛹期约20 d。全年以春、秋两季发生严重，并且秋季重于春季。

防治措施

1.农业防治　清除菜地残株落叶，铲除杂草，消灭其越冬场所和食料基地。播前深耕晒土，造成不利于幼虫生活的环境并消灭部分蛹。

2.化学防治　可用90%敌百虫可溶性粉剂1 000倍液，或50%辛硫磷乳油1 000倍液，或21%氰戊菊酯·马拉硫磷乳油4 000倍液，或25%噻虫嗪水分散粒剂4 000～6 000倍液大面积喷洒防治成虫，前两种药剂还可用于灌根防治幼虫。

二十四、短额负蝗

分布与为害

短额负蝗别名中华负蝗、尖头蚱蜢。分布于东北、华北、西北、华中、华南、西南以及台湾。为害白菜、甘蓝、萝卜、豆类、茄子、马铃薯等各种蔬菜及农作物。以成虫、若虫食叶，影响植株生长，降低蔬菜商品价值。

形态特征

成虫体长20 ~ 23 mm，头至翅端长30 ~ 48 mm。体绿色或褐色（冬型成虫）。头尖削，颜面斜度大，与头形成锐角；颜面中间有纵沟；触角剑形。绿色型自复眼起向下斜有一条粉红纹，与前、中胸背板两侧下缘的粉红纹衔接。体表有浅黄色瘤状突起；后翅基部红色，端部淡绿色；前翅长度超过后足腿节端部约1/3（图1）。卵长2.9 ~ 3.8 mm，长椭圆形，中间稍凹陷，一端较粗钝，黄褐色至深黄色，卵壳表面呈鱼鳞状花纹。卵粒在卵块内倾斜排列成

图 1　短额负蝗成虫

3～5行，并有胶丝裹成卵囊。若虫共5龄：1龄若虫体长0.3～0.5 cm，草绿色稍带黄色，前、中足褐色，有棕色环若干，全身布满颗粒状突起；2龄若虫体色逐渐变绿，前、后翅芽可辨；3龄若虫前胸背板稍凹以至平直，翅芽肉眼可见，前、后翅芽未合拢，盖住后胸一半至全部；4龄若虫前胸背板后缘中央稍向后突出，后翅翅芽在外侧盖住前翅芽，开始合拢于背上；5龄若虫前胸背面向后方突出较大，形似成虫，翅芽增大至盖住腹部第3节或稍超过。初孵若虫常多只集结于叶背表面，啃食叶肉；3龄后则分散生活，被害叶片呈缺刻状。

发生规律

短额负蝗在河北省1年发生2代。以卵过冬。越冬卵5月中、下旬孵化，6月下旬开始羽化，7月下旬开始产卵。第2代蝗蝻于8月上、中旬孵化，9月上旬羽化，9月下旬产卵，10月下旬至11月上旬成虫陆续死亡。在山西省每年发生1～2代，北纬38° 以南为2代区，以北为1代区，均以卵越冬。1代区越冬卵于6月中旬开始孵化出土，8月下旬开始羽化，9月上旬开始产卵，10月中旬成虫陆续死亡。2代区越冬卵于5月下旬开始孵化，7月上旬开始羽化，8月上旬进入产卵盛期；1代蝗卵于8月中旬孵化，9月中旬开始羽化，10月上旬产越冬卵，10月下旬开始陆续死亡，2代区有世代重叠现象。在长江流域地区1年发生2代。以卵在土中越冬。越冬卵于5月孵化，11月雌成虫再产越冬卵。成虫喜在高燥向阳的道边、渠埂、堤岸及杂草较多的地方产卵。

防治措施

1.农业防治 依据短额负蝗喜产卵于田埂、渠坡、埝埂等环境的习性，深耕细耙，结合修整田埂、清淤等农事活动，用铁锹铲田埂，深度2～3 cm，或清淤时将土翻压于渠埝之上，将卵块铲断，效果明显。

2.化学防治 短额负蝗通常零星发生，田间以人工捕捉为主，不单独采取药剂防治。

二十五、韭菜迟眼蕈蚊

分布与为害

韭菜迟眼蕈蚊又名韭蛆、黄脚蕈蚊，主要分布在我国北方各省（区），以及四川、湖北、浙江、江苏等省。主要为害韭菜。幼虫聚集在韭菜地下部的鳞茎和柔嫩的茎部为害（图1）。初孵幼虫先为害韭菜叶鞘基部和鳞茎的上端。春、秋两季主要为害韭菜的幼茎引起腐烂，使韭叶枯黄而死。夏季幼虫向下活动蛀入鳞茎，重者鳞茎腐烂，整墩韭菜死亡。

图 1　韭菜迟眼蕈蚊幼虫为害韭菜

形态特征

成虫：为小型蚊子，体长2.0 ~ 5.5 mm，黑褐色，头小，复眼相接，触角丝状，16节，有微毛。前翅前缘脉及亚前缘脉较粗，足细长褐色。腹部细长，8 ~ 9节，雄蚊腹部末端具1对铗状抱握器。

卵：椭圆形，乳白色，0.24 mm × 0.17 mm。

幼虫：体细长，6 ~ 7 mm，头漆黑有光泽，体白色，无足。

蛹：裸蛹，初期黄白色，后转黄褐色，羽化前呈灰黑色；头为铜黄色，有光泽。

发生规律

一年发生4代，以幼虫在韭菜鳞茎内或韭根周围3 ~ 4 cm表土层以休眠方式越冬（在温室内则不冬眠，可继续繁殖为害）。翌春3月下旬开始化蛹，持续至5月中旬。4月初至5月中旬羽化为成虫。各代幼虫出现时间为：第1代4月下旬至5月下旬，第2代6月上旬至下旬，第3代7月上旬至10月下旬，第4代（越冬代）10月上旬至翌年4月底5月初。越冬幼虫将要化蛹时逐渐向地表活动，大多在1 ~ 2 cm表土中化蛹，少数在根茎里化蛹。成虫喜在阴湿弱光环境下活动，以9 ~ 11时最为活跃，为交尾盛时，下午4时后至夜间栖息于韭田土缝中，不活动。成虫有多次交尾习性，交尾后1 ~ 2 d将卵产在韭株周围土缝内或土块下，大多成堆产，每雌产卵量为100 ~ 300粒。成虫善飞翔，间歇扩散距离可达百米左右。幼虫孵化后便分散，先为害韭株叶鞘、幼茎及芽，而后把茎咬断蛀入其内，并转向根茎下部为害。土壤湿度是韭蛆孵化和成虫羽化的重要因素，3 ~ 4 cm土层的含水量以15% ~ 24%最为适宜，土壤过湿或过干不利于其孵化和羽化。一般黏土比沙壤土发生量小，土壤板结的地块成虫羽化率明显降低。成虫对未腐熟的粪肥没有趋性，因此施用有机肥的腐熟程度与此虫的发生无关。

防治措施

1.农业防治　冬灌或春灌可消灭部分幼虫，如适量加入农药，效果更佳。

2.化学防治　成虫羽化盛期喷洒2.5%溴氰菊酯乳油3 000倍液，或20%氰戊菊酯乳油3 000倍液，或75%辛硫磷乳油1 000倍液，以上午

9 ~ 10时施药效果最佳。幼虫为害始盛期，发现叶尖开始发黄变软并逐渐向地面倒伏，即应灌根防治，可结合浇水，每亩用40%辛硫磷乳油800 mL冲施，或用2%吡虫啉颗粒剂1 000 ~ 1 500 g撒施后浇水。

二十六、南瓜实蝇

分布与为害

南瓜实蝇又名南亚果实蝇，为我国二类植物检疫对象，是河南省补充植物检疫对象。雌成虫产在幼瓜上的卵孵化后，幼虫在幼瓜内蛀食为害，受害重时，致瓜脱落，整瓜被蛀食一空，全部腐烂。受害轻的，瓜虽不脱落，但生长不良，摘下贮存数日即变腐烂（图1～图7）。南瓜实蝇取食范围广，主要为害葫芦科植物，如南瓜、苦瓜、丝瓜、冬瓜、笋瓜、西葫芦、葫芦、黄瓜、甜瓜、西瓜，还可为害茄子、番茄、辣椒等。

图 1　南瓜实蝇为害南瓜前期为害状

图 2　南瓜实蝇为害南瓜中期为害状（1）

图 3　南瓜实蝇为害南瓜中期为害状（2）

图 4　南瓜实蝇为害南瓜后期为害状

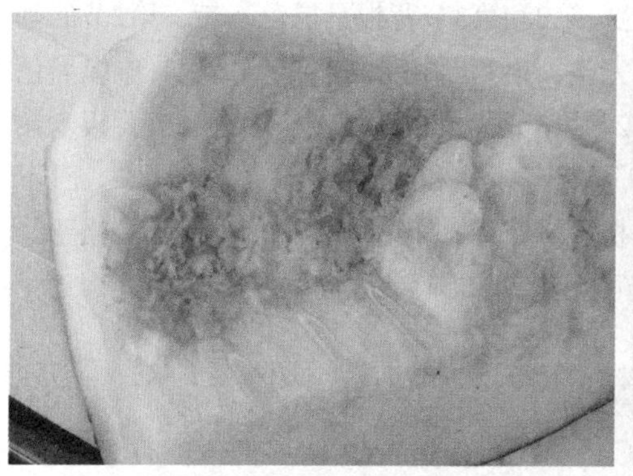

图 5　南瓜实蝇为害南瓜前期瓜瓤症状

图 6　南瓜实蝇为害南瓜中后期瓜瓤症状

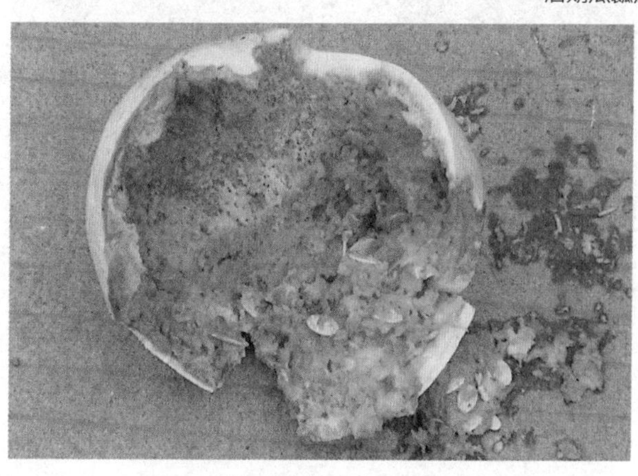

图 7　南瓜实蝇为害南瓜后期瓜瓤症状

形态特征

成虫：黑色与黄色相间，雌体长12～13 mm，雄体长9～10 mm，翅展5.7～8.5 mm；头部颜面黄色，颜面斑黑色，中等大，近卵形。中胸背板黄褐色，有缝后侧黄色条和中后缝黄色条，在缝后侧和中后缝黄色条之间具黑褐色斑，各肩胛之后也是；缝后侧黄色条两侧平行并终于上后翅上鬃之后；中胸背板前部和前中部几乎到缝为锈色，有一狭窄的中褐色到黑色条从近中胸横沟缝伸出至上后翅上鬃处。小盾片黄色，具一狭窄的暗褐色基带，2对小盾端鬃。足腿节黄色，前足和后足胫节褐色，中足胫节淡褐色。翅前缘带狭窄，在翅端扩宽成翅端斑。腹部大部分黄色或黄褐色，背板侧缘狭黑色，第2和第3节背板具黑色基带，第2节的基带在背板侧中断，第3节的完整，第4和第5节背板基侧黑色，中纵黑色条伸抵第5节背板末端。第2和第3节背板黑色横带与第3～5节背板末端中央的黑色纵带相交成“T”字形，第4和第5节两侧具黑色短条，且不与中纵带相连。雄虫第5腹板后缘略凹，阳茎背针突长，叶上端略弯。雌虫产卵管端部渐尖，端前刚毛紧靠末端（图8）。

图8　南瓜实蝇雌成虫（左）、雄成虫（右）

卵：乳白色，长0.8 ~ 1.2 mm，一头尖，一头钝。

幼虫：蛆状，初龄幼虫乳白色，老熟幼虫黄白色，长10 ~ 11 mm，前端尖，后端圆；口钩内缘中央处具一小尖刺突起；前气门指突通常为15 ~ 18个，排列成一行；老熟幼虫在其后气门区与肛区间有一条暗褐色短线，舐吸式口器，呼吸系统属两端气门。

蛹：圆筒形，黄褐色，随着蛹龄的增加色泽变深，长5 ~ 7 mm，宽2 ~ 3 mm（图9）。

图9　南瓜实蝇蛹

发生规律

以蛹在土中越冬，少数个体来不及脱离寄主在被害瓜内越冬。成虫羽化可在全天内进行，但以上午9 ~ 10时最盛，初羽化成虫较活泼，到处爬动，并常用后足拨动前翅，经30 min后，翅则展平，体色、翅斑也逐渐显露完全，随后可飞翔，活动取食。成虫晴天喜飞翔在瓜田，阴雨天则躲藏在瓜叶及杂草下面。交配后，雌虫将产卵管刺入瓜内4 ~ 5 mm。卵一般产在幼瓜或带有伤口或裂缝的寄主上，产卵数量不等，最多可达200粒（图10）。孵化出的幼虫取食果肉，单瓜内幼虫可多达百余头（图11）。幼虫弹跳能力强（图12），能从硬地面弹跳至30～50 cm高度，老熟后，从腐烂瓜内钻出弹射跳离瓜果入土化蛹（图13）。

成虫在寄主果实上产卵，幼虫在果实中成长。此虫的传播，主要是通过人为活动如运输或其他携带方式，将含有卵或幼虫的受害果实从一地传到另一地。

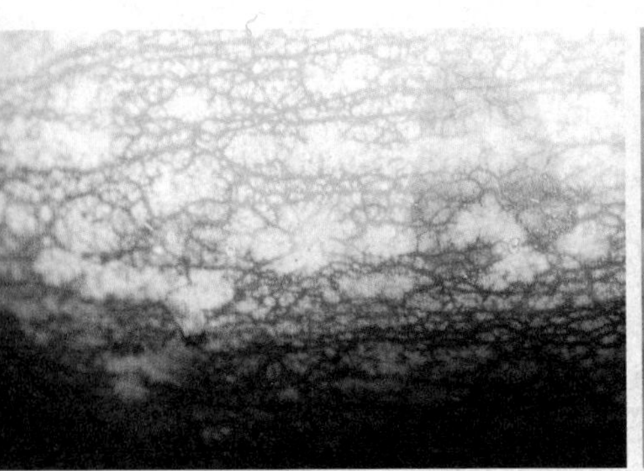

图 10 南瓜实蝇在南瓜上的产卵孔

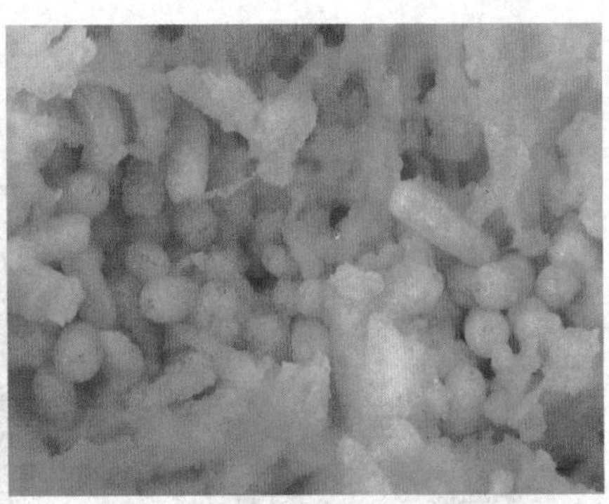

图 11 南瓜瓜瓤中的南瓜实蝇幼虫

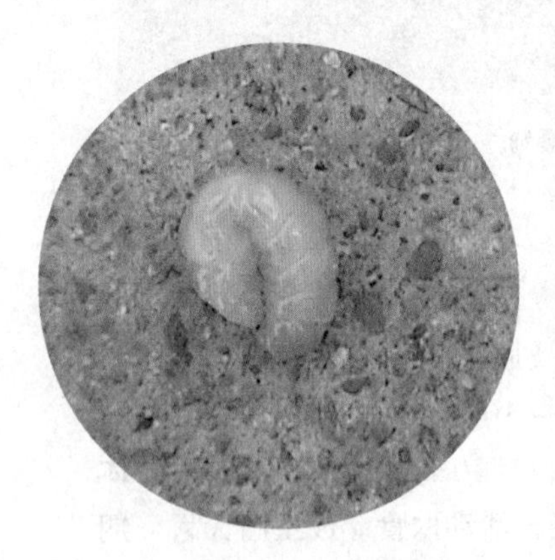

图 12 南瓜实蝇老熟幼虫弹跳瞬间

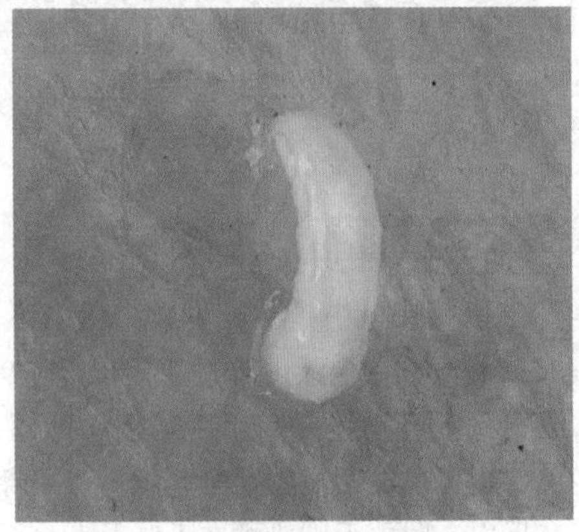

图 13 南瓜实蝇老熟幼虫钻出南瓜

防治措施

1.植物检疫 加强检疫，严禁从疫区调运受害果实，防止虫害蔓延。

2.农业防治 冬季翻耕灭蛹；轮作或不连片种植嗜好作物；及时清除虫害瓜果。

3.物理防治 用性诱剂、毒饵或黏虫胶诱（粘）杀成虫。或用果实套袋法，将幼瓜（果）套袋，避免成虫产卵。

4. 化学防治

（1）土壤处理：在5月下旬，选用3%辛硫磷颗粒剂每亩3 ~ 4 kg，拌细土对瓜园进行地面撒施，以杀死羽化成虫；10月底用3%辛硫磷颗粒剂每亩3 ~ 4 kg，或5%丁硫克百威颗粒剂每亩3.5 ~ 4 kg，拌细土25 ~ 30 kg，于傍晚均匀撒施地表，杀灭入土化蛹幼虫和围蛹，可有效控制翌年的虫害基数。

（2）喷雾处理：在成虫发生期用80%敌敌畏乳油800 ~ 1 000倍液，或90%敌百虫可溶性粉剂800 ~ 1 000倍液，或1.8%阿维菌素乳油800 ~ 1 000倍液，按30∶1的比例加入红糖稀释液喷雾，隔6 ~ 7 d喷1次，连续喷3 ~ 4次。10月对发生重、落果多的瓜园可用10%氯氰菊酯乳油2 000倍液，或2.5%溴氰菊酯乳油3 000倍液喷施，隔10 ~ 15 d喷1次，连续喷2 ~ 3次。瓜果收获前15 d停止用药。